Bernhard von Mutius

Disruptive Thinking

Kostenlos mobil weiterlesen! So einfach geht's:

1. Kostenlose App installieren

2. Zuletzt gelesene Buchseite scannen

3. 25 % des Buchs ab gescannter Seite mobil weiterlesen

4. Bequem zurück zum Buch durch Druck-Seitenzahlen in der App

Hier geht's zur kostenlosen App:
www.papego.de/app

Erhältlich für Apple iOS und Android. Papego ist ein Angebot der Briends GmbH, Hamburg. www.papego.de

BERNHARD VON MUTIUS

Disruptive Thinking

Das Denken, das der Zukunft
gewachsen ist

Externe Links wurden bis zum Zeitpunkt der Drucklegung des Buches geprüft.
Auf etwaige Änderungen zu einem späteren Zeitpunkt hat der Verlag keinen Einfluss.
Eine Haftung des Verlags ist daher ausgeschlossen.

Bibliografische Information der Deutschen Nationalbibliothek

Die Deutsche Nationalbibliothek verzeichnet diese Publikation
in der Deutschen Nationalbibliografie; detaillierte bibliografische Daten
sind im Internet über http://dnb.d-nb.de abrufbar.

ISBN 978-3-86936-790-3

Lektorat: Anke Schild, Hamburg
Umschlaggestaltung: Martin Zech Design, Bremen | www.martinzech.de
Autorenfotos: Sven Paustian und Richard Pichler
Grafiken und Layoutkonzept: Matthias Boie
Satz: Das Herstellungsbüro, Hamburg | www.buch-herstellungsbuero.de
Druck und Bindung: Salzland Druck, Staßfurt

www.gabal-verlag.de
www.twitter.com/gabalbuecher
www.facebook.com/Gabalbuecher

Inhalt

Ist die Welt aus den Fugen?

Ein Gespenst geht um in Europa. Und nicht nur dort. In den Konferenzräumen von Konzernzentralen, in den Redaktionen der Wirtschaftsmagazine, in den Köpfen von BWL-Studenten und ehrgeizigen Start-up-Aktivisten. Nein, es geht nicht um eine Ideologie des 19. Jahrhunderts. Es ist eine Idee des 20. Jahrhunderts, die sich jetzt im 21. Jahrhundert unheimlich rasch auszubreiten beginnt. Es ist die Disruption.

Dabei sind manche – wie das Wort »disruptiv« schon andeutet – hin- und hergerissen. Auf der einen Seite sind sie insgeheim entzückt, wenn sie erfahren, wie es andere zerreißt, insbesondere Konkurrenten. Zuerst Kodak, dann Nokia, vielleicht als Nächstes einen bekannten Energiekonzern oder eine große Bank oder ein Automobilunternehmen mit weltweitem Renommee? Auf der anderen Seite zittern sie, dass es möglicherweise sie selbst treffen, zerreißen, zerstören könnte …

Davos, Januar 2016. Wie jedes Jahr trifft sich die internationale Elite aus Business und Politik, um sich über relevante Themen der Zeit auszutauschen. Offiziell ist das Leitthema der diesjährigen Zusammenkunft die sogenannte vierte industrielle Revolution. Inoffiziell sprechen die meisten vor allem über ein Thema, das schon bei den letzten Treffen im Raum war, jetzt aber auf der Agenda der Aufmerksamkeit ganz oben steht: »Digital disruption is at the heart of all the conversations. Business leaders tell me that they are intent on disrupting before they are disrupted«, schreibt Pierre Nanterme, CEO der Beratungsfirma Accenture in seinem Blog am

17. Januar 2016. Ajay Banga, Präsident und CEO von MasterCard, bringt auf den Punkt, was in Davos viele empfinden: »The threat of disruption is a fear for most people.«

Was aber ist mit all dem gemeint? Geht es »nur« um »disruptive Innovationen«? Also um das, was Clayton M. Christensen einmal so beschrieben hat: »die Chancen digitaler Technologien nutzen«? Und wenn ja, wie weit oder wie eng sollte dieser Begriff gefasst werden? Entstehen disruptive Innovationen ausschließlich »in neuen Märkten und unteren Marktsegmenten«, wie Christensen sagt? Oder auch in anderen? Wer will der menschlichen Erfinderkraft gebieten, wie sie sich zu verhalten hat?

Aber vielleicht geht es gar nicht nur um technische Innovationen oder Produktinnovationen, sondern auch um soziale Innovationen – in der Arbeit und Zusammenarbeit, in Führung und Organisation, im Lernen und in der Bildung?

Doch möglicherweise ist auch das noch zu eng gedacht? *No Ordinary Disruption* heißt eine Studie aus dem Hause McKinsey. Darunter werden »Urbanisation, beschleunigter technologischer Wandel, demographischer Wandel und die stärker werdende globale Vernetzung« gefasst. Man fragt sich zwar, was daran nicht »ordinary« ist. Aber die gesellschaftliche Dimension des Themas ist damit in der Diskussion. Auch dies schien in diesen Januartagen in der Region Davos auf. Den Kongressteilnehmern wurde – wie jedes Jahr – eine weltweite, repräsentative Studie zum Thema Vertrauen präsentiert: »Politiker und Eliten haben das Vertrauen verspielt«, lautete die Meldung der *FAZ.* »Auf der ganzen Welt wird das Misstrauen der allgemeinen Bevölkerung gegenüber den besser ausgebildeten und gut verdienenden Schichten immer größer. Die Eliten führen nicht mehr«, so der Berichterstatter Carsten Knop. Ein Jahr später in Davos lautete die Meldung: »Das Vertrauen der Menschen in die politischen und gesellschaftlichen Institutionen erodiert. Politikern, Managern, Nichtregierungsorganisationen und auch den Medien wird immer weniger vertraut.« Gehört das vielleicht auch zum Thema Disruption? Oder schon zum Thema Revolution? Und was hat das mit der Digitalisierung zu tun? Und wie könnte das alles zusammenhängen?

Drei Thesen

»Disruptive Thinking« heißt zunächst: Umbrüche, Brüche, nichtlineare Entwicklungen denken zu können. Und nicht zu glauben, dies gehe gleich vorüber. Nein, das geht nicht gleich vorüber. Ich habe dazu drei Thesen, oder vielleicht sollte ich besser sagen: Hypothesen. Denn was wirklich passieren wird, werden wir erst in ein, zwei Generationen wissen.

Erste These

Wir leben in einer Übergangszeit von einer alten in eine neue Welt. Eine große Transformation. Die digitale Transformation. Sie gleicht in ihrer Wucht und in ihrem Ausmaß der industriellen Revolution. Und diese Transformation ist nicht nur eine technologische. Sie ist auch eine soziale und kulturelle und verändert massiv unser ganzes Denken und Verhalten.

Zweite These

»Übergangszeit« heißt: Manches Alte funktioniert nicht mehr richtig und manches Neue noch nicht richtig. Wir spüren das oft instinktiv und intuitiv, zum Beispiel am zunehmenden Druck, dem wir ausgesetzt sind. Und wir sind uns nicht mehr ganz sicher, was morgen passieren wird. Denn auch das gehört zu dieser Übergangszeit. Sie ist gekennzeichnet durch sich überlagernde Widersprüche und Konflikte. Nicht nur Altes, sondern auch ganz Altes, oft archaisch Anmutendes lehnt sich auf gegen das Neue.

Dritte These

Die gegenwärtige Transformation gleicht nicht nur der industriellen Revolution. Sie ist selbst auch eine Revolution. Ich nenne sie die kreative Revolution. Ihr historischer Sinn besteht in der Entfaltung der kreativen menschlichen Fähigkeiten, ermöglicht durch die digitalen Technologien und Netze.

Wer heute von digitaler Transformation spricht, wird fast überall auf Konsens stoßen. Alle nicken. Und manche tun so, als wüssten sie genau, was morgen passieren wird, wenn man nur die richtigen Technologien und Geschäftsmodelle einsetzt. »Kreative Revolution« sagt: Wir haben keine Ahnung, was in fünf oder zehn Jahren passieren wird. Die digitalen Technologien – die gerade erst am Anfang ihrer Entwicklung stehen – sind nur die Bedingung der Möglichkeit. Um sie zu entfalten, brauchen wir menschliche Kreativität, Schöpferkraft, und zwar in einem bisher nicht geahnten Ausmaß. Überall, in der Umwelt, für die Nachhaltigkeit, in Schule, Ausbildung, Unternehmen, Politik. Und Disruptive Thinking ist die Kunst und Disziplin für diese Revolution.

Leitgedanken: Was ist Disruptive Thinking?

Disruptive Thinking ist das Denken, das mit den komplexen Anforderungen dieser Zeit mitwächst. Es ist Querdenken ohne Geländer.

Disruptive Thinking ist realistisches Zukunftsdenken, das Störungen nicht ausklammert, sondern einbezieht.

Disruptive Thinking ist ein zweisprachiges Denken, es ist in zwei Welten zu Hause. Es rechnet mit der Ungewissheit und macht Widersprüche produktiv.

Disruptive Thinking ist das etwas andere »Betriebssystem« für Organisationen in der digitalen Transformation und der beginnenden kreativen Revolution.

Disruptive Thinking fördert das Innovationspotenzial und stärkt die soziale Verantwortung.

Vor ein paar Jahren habe ich zum ersten Mal die folgende Geschichte gehört: Eine Lehrerin unterrichtete in einer Grundschule sechsjährige Kinder im Zeichnen. Eine der Schülerinnen, die in einer der hinteren Bänke saß und sonst nicht besonders aktiv mitarbeitete, war diesmal völlig vertieft in das, was sie tat. Die Lehrerin war fasziniert und zugleich neugierig. Sie fragte das Mädchen, was es malen würde. Ohne aufzuschauen, sagte die Kleine: »Ich male ein Bild von Gott.« Die Lehrerin erwiderte überrascht: »Aber niemand weiß, wie Gott aussieht.« Darauf entgegnete das Mädchen: »Warten Sie einen Moment, gleich wissen Sie es.«

Ich mag diese Geschichte aus verschiedenen Gründen. Nicht nur, weil sie der begnadete Geschichtenerzähler und kreative Anreger Ken Robinson gerne erzählt. Sie ist ein wunderbares Beispiel für die Fantasie von Kindern. In dieser Lebenszeit waren wir alle kreativ. Viele von uns hatten das kreative Vertrauen, scheinbar Unmögliches zu wagen und die Grenzen der herkömmlichen Vorstellungen der Erwachsenen überspringen zu können.

Sie ist auch ein schönes Beispiel für die festgefügten Wissensüberzeugungen der Erwachsenen. Und für die Verblüffung, die es hervorruft, wenn dieses Gefüge infrage gestellt wird. Ich bekam zum Beispiel in der ersten Klasse der Grundschule die Aufgabe, einen Aufsatz über das Schlaraffenland zu schreiben. Wie sich die Erwachsenen das Schlaraffenland ausmalten, wusste ich natürlich. Das leuchtete mir aber nicht ein. Wieso mussten die Leute immerzu irgendetwas essen (meistens Tiere) und faul herumliegen?

Also malte ich in meinem Aufsatz ein ganz anderes Bild: ein Land, in dem die Luft so nahrhaft war, dass man sich von ihr ernähren konnte und man immerzu herumspringen und Neues entdecken konnte.

Doch das alles berechtigt noch nicht, jene Geschichte in einem Buch über Disruptive Thinking vorzustellen. Noch dazu in der Einleitung. Wäre da nicht noch eine andere Ebene und eine andere Assoziation, die diese Geschichte bei mir auslöst: Das Mädchen, das sich zutraut, ein Bild von Gott zu malen, steht für diese Zeit, für die gerade beginnende kreative Revolution, für eine neue Welt, die sich anschickt, Dinge zu entwickeln, die bislang unvorstellbar waren. Und es steht für die Erschütterung, die dies in der alten Welt auslöst. Vielleicht – aber dies als Letztes – steht es auch für etwas, was man früher Hybris nannte.

D I S R U P T I V E
T H I N K I N G :
Reflexion der DISRUPTION
und   K R E A T I V E ,
VERANTWORTLICHE Praxis

Mancher fühlt sich von dieser neuen Welt magnetisch angezogen, manchem macht sie Angst. In diesem Spannungsfeld entsteht ein Klima für Disruptionen – für begeisternde Innovationen und besorgte Abwehrreaktionen, für tatsächliche Disruptionen, aber auch für das Gerede darüber, für Geschichten, Meinungen Spekulationen. Doch wie kann man das eine vom anderen unterscheiden? Wäre es nicht interessant, ein bisschen mehr hineinzuhorchen?

Der Begriff »Disruptive Thinking« besteht aus zwei Wörtern. Das zweite steht da nicht aus Verlegenheit. Disruptive Thinking feiert nicht disruptives Tun jeglicher Art. Disruptive Thinking ist Reflexion der Disruption. Und zugleich kreative, verantwortliche Praxis – die praktische Unterstützung für Führung und Organisation, mit dem disruptiven Wandel besser umzugehen.

Dies scheint mir gerade in einer Zeit so wichtig, in der wir alle mit Instantangeboten überschüttet werden. Ständig müssen wir irgendetwas sofort downloaden, bestellen, kaufen oder unter permanentem Zeitdruck und in kürzester Frist implementieren, installieren, realisieren. Aber Disruptive Thinking sagt: Es ist immer Zeit zum Denken im Handeln. Oder noch besser: vor dem Handeln, wenn man sich in extremes Gelände begibt. Und Disruptionen sind extremes Gelände. Es sind nicht kleinere Unebenheiten auf einer Autobahn. Es ist Backcountry.

Extremkletterer, Snowboarder und Freeride-Profis wissen, wie sich das anfühlt. Sie begeben sich bewusst in dieses Gelände. Denn hinter jedem Berg wartet ein Gipfel voller neuer Möglichkeiten. Aber sie wissen auch, wie es die Freerider Melanie Schönthier und Stephan Bernhard formulieren: »Backcountry ist ein Ort voller Gefahren, wo eine falsche Entscheidung deinen Tag ruinieren kann.« Deshalb ist eine gute physische und vor allem mentale Vorbereitung so wichtig: »Better be ready when the shit goes down«, sagen sie dazu.

Eine gute technische Ausrüstung ist selbstverständlich wichtig. Das Werkzeug muss stimmen. Doch das bekommt man heute überall; jeder Anfänger kann es sich besorgen. Das Entscheidende aber passiert im Kopf. Es ist die Kombination aus Einstellung und Vorstellung. Man muss das Gelände lesen können. Und man muss beides gleichzeitig parat haben, vor seinem inneren Auge sehen und sich darauf vorbereiten: die Route, die man gehen, die Linie, die man fahren will, und zugleich jeden Stein, der zum Gegner werden kann, jeden Winkel, aus dem sich eine Lawine lösen kann.

Beides denken zu können, Widersprüche denken zu können, Gefahren zu erkennen und gleichzeitig Vertrauen zu haben, ist überlebensnotwendig. In jedem extremen Gelände. Disruptive Thinking ist deshalb die Kunst und Disziplin, mit Brüchen und Widersprüchen besser umzugehen. Es schafft die Voraussetzungen dafür, relevante disruptive Entwicklungen früher zu erkennen und sie in eine Gelegenheit zu verwandeln, eine neue Linie zu finden oder einen Sprung nach vorne zu tun.

Dieses Buch ist deshalb auch nicht einfach eine Handlungsanweisung oder ein Ratgeber herkömmlicher Art, sondern eher ein »Anleitfaden«, der den Leser dabei unterstützen soll, seine eigene Orientierung zu finden.

Natürlich verfügt Disruptive Thinking über eine Reihe von Tools, die sich in der Praxis in Innovations- und Transformationsprojekten bewährt haben, wie wir noch sehen werden. Aber Disruptive Thinking ist weniger ein neues Toolset als ein anderes Mindset. Es geht um Denken und Verhalten. Es geht darum, eine neue Anpassungsfähigkeit zu entwickeln und zugleich wieder Gestaltungsfähigkeit zu gewinnen, die uns mehr Freiheitsgrade gibt und mehr Wahlmöglichkeiten schafft.

Ich möchte den Leser mitnehmen auf eine Reise von der alten Welt in die neue Welt, eine dreiteilige Expedition in die Gedanken- und Erfahrungswelt von Disruptive Thinking. Man könnte die drei Teile »Gänge« nennen. Nicht zu verstehen als Menüfolge, sondern als Folge einer allmählichen Entwicklung der Gedanken beim Gehen, bei einer Wanderung querfeldein, bei der wir das Gelände aus unterschiedlichen Blickwinkeln erkunden und unsere Wahrnehmungen beobachten. Eindrücke sammeln und am Ende innehalten, um die Eindrücke zu sichten und mögliche Konsequenzen für unser künftiges Handeln zu ziehen. Jeder Gang mündet daher in einen praktischen Imperativ.

Wir werden uns bei jedem Gang in Spannungsfelder begeben. Wir werden ihnen nicht ausweichen. Wir können ihnen auch in der Realität nicht ausweichen. Spannungsfelder, Widersprüche, Dilemmata sind elementar für diese Umbruchszeit. Disruptive Thinking stellt sich ihnen, versucht sie zu meistern, an ihnen zu wachsen:

I. Gang
Wissen und Nichtwissen
Das disruptive Spiel beginnt

II. Gang
Routinen und Nichtroutinen
Die kreative Revolution erfasst die Organisation

III. Gang
Maschinen und Menschen
Wer bestimmt über unsere Zukunft?

In allen drei Gängen geht es zunächst um das Beobachten und Beschreiben typischer disruptiver Entwicklungen und Innovationen. Nämlich:

- allgemein auf den Märkten und in der Wirtschaft (I),
- mit Blick auf die Organisation und auf die Zusammenarbeit (II),
- im Hinblick auf das künftige Zusammenspiel von Mensch und Maschine (III).

Daraus abgeleitet nehmen wir anschließend in allen drei Gängen mögliche praktische Schlussfolgerungen und Hilfestellungen durch nützliche Tools in den Blick:

- zur mentalen Vorbereitung für die Strategie- und Innovationsarbeit (I),
- für die Transformation der Organisation (II),
- für die Kulturentwicklung (im weitesten Sinne) und für unsere eigene Entwicklung (III).

Oder noch kürzer: Zunächst sprechen wir über die *Narrative,* dann über die *Imperative* – die möglichen praktischen Imperative der Disruption.

Doch dies sind nur vorläufige Strukturierungen. Also nichts, was man in irgendwelche Kästchen oder Schubladen packen könnte. Das Thema Disruption lässt sich nicht kästchenförmig katalogisieren, wie wir noch sehen werden. Es hat eher etwas mit dem Aufsprengen der Kästchen zu tun. Disruptionen bringen Tools und Kataloge durcheinander.

Disruptionen ähneln Erdbeben. Erdbeben kann man bekanntlich nicht vorhersagen. Man kann erdbebengefährdete Gebiete benennen, Gesteinsschichten analysieren, immer genauere Messungen durchführen etc. Aber man kann nicht exakt wissen, wo und wann die Erde beben wird.

Disruptive Thinking reflektiert dies: Wir können nicht genau sagen, wo und wie sich die nächste Disruption ereignen wird – wir können technologische, wirtschaftliche und soziale Entwicklungsmuster aufzeigen, damit wir nicht blind in irgendetwas hineinlaufen. Wir können Gestaltungsvorschläge machen, damit wir uns besser vorbereiten können. Aber das eigene Denken, das Entscheiden und die Übernahme von Verantwortung unter den Bedingungen zunehmender Ungewissheit – das kann uns niemand abnehmen.

Auch deshalb arbeitet Disruptive Thinking mit Fragen und mit Spannungsfeldern: Wissen *und* Nichtwissen, Routinen *und* Nichtroutinen, Maschinen *und* Menschen. Disruptive Thinking begnügt sich nicht mit einseitigen Bestimmungen. Nur Wissen, Routinen und Maschinen – das ist nicht genug. Das hieße, einseitig auf Gewissheiten, auf Zwangsläufigkeiten zu setzen. Sie lassen keine Wahl mehr. Da gibt es nichts mehr zu entscheiden. Nur noch zu exekutieren. Die Wege der digitalen Transformation scheinen vorherbestimmt. Manche hätten das gerne. Ich halte es für sachlich unrichtig, strategisch unzulässig und praktisch fahrlässig. Das unterscheidet Denken von bloßem Nachvollziehen des bereits Vorgedachten, also vom unreflektierten Gebrauch von Gefertigtem. Nach dem Motto von Friedrich Dürrenmatt: »Brauchbar ist eine Maschine erst dann, wenn sie von der Erkenntnis unabhängig geworden ist, die zu ihrer Erfindung führte.« Das ist hier nicht gemeint. Das hilft nicht, wenn man Neuland erschließen will. Disruptive Thinking setzt auf das Selbstdenken. Mit kreativem Vertrauen und Vergnügen. Neugierig, experimentell, vernetzt, bewusst und verantwortlich.

Nichtwissen und Fragen

Wenn ich von Nichtwissen spreche, dann ist das nicht tiefsinnig gemeint, sondern ganz unmittelbar, konkret und praktisch.

Ich beschäftige mich seit vielen Jahren mit Zukunftsfragen, mit Innovationen und mit dem Thema Transformation. Ich habe im Silicon Valley mit Pionieren der digitalen Ära bereits in einer Zeit gesprochen, als viele noch glaubten, Apple wäre eine Nischenfirma. Ich habe viele Veränderungsprozesse von Unternehmen begleitet und zahlreiche Innovationsworkshops, Zukunftswerkstätten und Leadership-Programme durchgeführt.

Manchmal, ich gestehe es, habe ich gedacht, mich könnte nichts mehr überraschen. Doch in den letzten Jahren ertappe ich mich oft bei der Wahrnehmung: Das Tempo der Veränderungen nimmt in unheimlicher Weise zu. Die Verdrängung von Altem durch Neues passiert in immer kürzeren Abständen. Täglich. Stündlich. Minütlich. Viele Leser werden das Gefühl kennen. Und das hat mit unserem Thema zu tun. Disruptionen, Brüche und Umbrüche, wohin wir schauen. Nicht nur in der Technik. Nicht nur auf dem Gebiet der Wirtschaft. Und immer häufiger müssen wir zugeben: Das wissen wir nicht. Oder wussten es bis gestern nicht.

Das heißt auch: Manches Faktum, das ich auf den folgenden Seiten schildere, kann überholt sein, wenn Sie als Leserin oder Leser dieses Buch in den Händen halten. Die Veränderungsgeschwindigkeit ist so hoch, dass bereits morgen ein neues Geschäftsmodell oder ein neu-

DAS TEMPO der Veränderungen NIMMT ZU

es Unternehmen das Neue von heute alt aussehen lassen kann. Das ist ein Wesenszug dieser disruptiven Zeit. Bisweilen scheinen sich die Ereignisse zu überschlagen. Wir kommen kaum noch nach. Auch deshalb ist das Anerkennen des Nichtwissens im Wissen so wichtig für disruptives Denken. Es ist eine Voraussetzung zur Meisterung dieser kreativen Revolution.

Besonders relevant ist es für Manager und Führungskräfte, die heute über Zukunftsstrategien und langfristige Investitionen zu entscheiden haben. Etwa in der Automobilindustrie. Heute müssen sie entscheiden, welche Modelle in vier oder fünf Jahren auf den Markt kommen. Ich habe mit mehreren Automobilmanagern darüber gesprochen und immer wieder gehört, wie schwer ihnen diese Entscheidung fällt. Auch die beste Szenarienarbeit, auch die beste Research-Tätigkeit der klügsten Innovationsteams vermögen daran nicht zu ändern.

Das ist keine neue Erkenntnis für all diejenigen, die sich mit Komplexität und mit dem Thema Entscheiden unter Bedingungen der Unsicherheit beschäftigen:»Nur die prinzipiell unentscheidbaren Fragen können wir entscheiden«, hat der österreichische Physiker Heinz von Foerster einmal so schön formuliert. Doch diese Erkenntnis erschien manchmal etwas theoretisch. Heute, in diesen disruptiven Zeiten, besitzt sie praktische Sprengkraft.

Man kann das negativ sehen, als Verlust von Wissen. Man kann es aber auch anders sehen: als Zugewinn für unseren Realitätssinn, verbunden mit der Aufforderung, mehr und intensiver zu fragen und eine neue Achtsamkeit im Führungsalltag zu entwickeln.»To be prepared for the unexpected!« Das meint Disruptive Thinking: das Nichtwissen trainieren, experimentieren und dabei eine neue Form der Achtsamkeit entwickeln. Das kann vielleicht dazu führen, dass wir uns von manchem lösen, was wir in Zukunft nicht mehr brauchen, und dafür manches entwickeln, was überraschend einfach ist.

Das Einfache wird schwer zu machen sein. Denn die sich wandelnde Welt ist ein Playground und zugleich ein Battleground. Das klingt martialisch. Aber so wird in manchen amerikanischen Tech-Companies geredet. Viele sind dort in einem kulturellen Milieu aufgewachsen, in dem die Game Industry keine unerhebliche Rolle spielt und die TV-Serie *House of Cards* als eine Spiegelung der Realität empfunden wird. Diese Dimension der Transformation sollten wir nicht unterschätzen.

Natürlich kann man fragen: Was soll das? Wir müssen in der digitalen Transformation erst unsere Pflicht erfüllen. Diese Auffassung ist ehrenwert und nachvollziehbar. Und die Hausaufgaben sind bekannt. Zum Beispiel eine saubere Stärken-Schwächen-Analyse durchführen und sich fragen: Wie weit sind wir mit dem Thema Digitalisierung in der Organisation? Wo sind wir gut, wo nicht so gut? Wo könnten welche Wettbewerber aus welchen Branchen disruptiv angreifen? Wie können wir uns davor schützen? Haben wir eine klare Vision und strategische Ausrichtung? Wie weit ist die Organisation einbezogen? Wie weit arbeitet sie schon vernetzt – und zwar nicht nur horizontal, sondern auch vertikal vernetzt? Brauchen wir neue Organisationseinheiten, die mit einem ganz neuen strategischen Ansatz arbeiten? Welche Mitarbeiter brauchen wir für den künftigen Weg? Haben wir genügend gute Softwareentwickler und genügend Teamplayer in unseren Reihen?

Ja, allein diese Fragen zu beantworten und daraus Maßnahmen abzuleiten, ist ein ziemlich herausforderndes Pensum, ein Pflichtprogramm, das viele Kräfte bindet. Fast alle großen innovativen Unternehmen beschäftigen sich direkt oder indirekt mit diesen Aufgaben. Manches davon wird hier auf den folgenden Seiten auch noch einmal aufgegriffen und eingehend behandelt.

Doch das gehört alles auf die Seite dessen, was wir schon wissen. Wie aber kommen wir zur anderen Seite? »How do you come to know things that you don't know?«, bringt es John Kao, Jazzpianist und Kreativitätsforscher, auf den Punkt. Disruptive Thinking entsteht, wenn wir in der Lage sind, die Seiten zu wechseln. Von der Seite des Bekannten zu der des Unbekannten – und wieder zurück. Manchmal.

Bisweilen jedoch bleiben die Fragen. Unbequeme Fragen, denen wir nicht ausweichen dürfen, wenn wir alle Hausaufgaben der digitalen Transformation erledigt haben. Wo stehen wir dann? Und wo stehen die, von denen wir all das gelernt haben, als wir unsere letzte Reise ins Silicon Valley unternommen haben? Laufen wir nur den Entwicklungen hinterher? Oder schaffen wir etwas Eigenes? Und was wäre das? Wo führt eigentlich die ganze Aufholjagd hin? Was ist der »Next Level« der Entwicklung?

Und während wir uns mit diesen Fragen beschäftigen, fallen uns noch ein paar andere ein: Was ist eigentlich mit all den Menschen, die nicht so gut sind auf dem Battleground? Was machen wir mit denen, die nicht mitkommen bei dieser Aufholjagd? Wie schöpferisch sind wir in der Zerstörung? Und wie nachhaltig ist unsere Transformation?

Und hier schließt sich der Kreis. Wir erinnern uns an die Szenerie in Davos und die dort präsentierten Ergebnisse der Studie zum Thema Vertrauen. Wir werden uns ein wenig anstrengen müssen. Dazu brauchen wir mehr soziale Verantwortung und mehr spielerische Leichtigkeit. Auch dieser Widerspruch gehört zum Disruptive Thinking.

»*Den Berg sehen.*
Den Berg nicht mehr sehen.
Den Berg wieder sehen.«

Chinesische Überlieferung

Teil 1

Wissen und Nichtwissen

Das disruptive Spiel beginnt

Agieren oder nur reagieren?

Michael Mertens ist Mitglied des Vorstandes eines großen, international agierenden Luftfahrtkonzerns. Wie seine Kollegen steht er unter erhöhtem Druck von mehreren Seiten: von staatlich subventionierten Airlines, die im Hochpreissegment zu niedrigeren Kosten fliegen können. Und von Airlines, die im unteren Preissegment agieren und die Kunden mit immer günstigeren Ticketpreisen locken. Wie kommt er raus aus dieser Zwickmühle? Womit beginnen?

David Bean ist Operational Excellence Manager in einem Tochterunternehmen eines großen amerikanischen Pharmaherstellers. Er ist in letzter Zeit sehr angespannt. Die Konzernzentrale hat ein Kostensenkungsziel von 40 Prozent aufgestellt. Er und seine Kolleginnen und Kollegen sprechen sich gegenseitig Mut zu, haben aber keine Ahnung, wie sie das schaffen sollen.

Anne Aufwind arbeitet in der Personalabteilung eines großen Unternehmens der Telekommunikationsbranche. Sie befindet sich in einem echten Dilemma: Die Belegschaft muss noch weiter reduziert werden, sie muss jetzt in ihrer eigenen Abteilung Personal abbauen. Gleichzeitig ist es ihre Aufgabe, mit innovativen Programmen für eine Aufbruchsstimmung in der Belegschaft zu sorgen. Wie soll das gehen?

Heinz Wohlfarth ist in der Geschäftsführung eines mittelständischen Unternehmens in der Spielzeugbranche. Er spürt heftigen Gegenwind: Das klassische Geschäft mit dem Fachhandel wird schwieriger. Die großen Wettbewerber im Onlinegeschäft unterbieten die Preise und liefern immer schneller. Wie kann man da mithalten?

Sina Junker arbeitet an einer Schule in einem sozialen Brennpunkt. Sie hat gemeinsam mit anderen Reformpläne zur Umgestaltung des Unterrichts ausgearbeitet. Und schon manches auf den Weg gebracht. Aber sie weiß nicht mehr, wie sie die Arbeitsbelastung schaffen soll. Es fehlen Lehrkräfte, überall wird gespart. Sie ist müde geworden und fühlt sich von der Bildungsbehörde im Stich gelassen. Gleichzeitig macht sie sich Sorgen über die politische Entwicklung. Neulich bekam sie mit, dass Thomas Gottschalk bei Maybrit Illner von »Disruptionen« sprach – das ganze Koordinatensystem sei »verrutscht«. Die Leute seien ratlos: »Helft mir, wie kann ich mich orientieren?« Sie fand seine Ratlosigkeit ansteckend.

Sind die **RASTER** unseres Denkens **ZU STARR** geworden?

Bodo Antwerpen gehört zur Führungsmannschaft eines renommierten Verlagshauses. Er war einige Zeit im Silicon Valley und leitet jetzt ein großes Transformationsprojekt. Mit seinen Kollegen spricht er häufiger über neue digitale Geschäftsmodelle. Immer wieder fällt das Wort »kannibalisieren«. Ganz cool. Aber richtig wohl ist ihm dabei nicht.

Sarica Connor hat nach ihrem Studium einen Job bei einem schnell wachsenden Berliner Start-up angenommen. Es geht ziemlich hektisch zu. Ständig werden neue Ziele verkündet. Von ihrem Chef liest sie manchmal Markiges über zweistelliges Wachstum mit neuen Geschäftsmodellen.

Stephan Gabriel ist leitender Innovationsmanager bei einem bekannten, weltweit agierenden Automobilzulieferer. Seine Organisation sucht nach bahnbrechenden Neuerungen für das Thema autonomes Fahren, gleichzeitig steht sie unter erheblichem Kostendruck. Er kommt gerade von einem großen Innovationskongress zurück, bei dem er viele Kollegen aus anderen Branchen getroffen hat. Viele sprachen über disruptive Innovationen. Könnte ihm das in seiner Situation helfen?

Matthias Herget leitet eine Bezirksdirektion einer großen deutschen Versicherung. Seine Mannschaft ist verunsichert. Die Ertragssituation war schon mal besser. Man munkelt viel. In letzter Zeit auch immer mehr über die neue Fintech- und Insurtech-Szene. Wie wird es weitergehen?

Das sind ganz unterschiedliche Personen (deren Namen bis auf zwei geändert wurden), die ich kenne, mit denen ich gesprochen oder zusammengearbeitet habe, tätig in unterschiedlichen Bereichen, konfrontiert mit ganz unterschiedlichen Herausforderungen. Und doch können wir uns gut in ihre Situation hineinversetzen. Denn wir machen alle in dieser Zeit eine ähnliche Erfahrung: Die Belastung steigt. Der Druck nimmt zu. Das geht manchmal bis an die Schmerzgrenze. Manche machen sich Hoffnung, dass es anders wird. Manche haben das Gefühl, in einer Zwickmühle zu sein: Was sie auch tun, sie kommen nicht wirklich vom Fleck. Es scheint, dass die bisherigen Sicht- und Handlungsweisen nicht mehr richtig passen, dass alte Spielregeln nicht mehr für die neuen Spiele dieser Zeit taugen, dass die Raster unseres Denkens zu starr geworden sind.

Wir spüren, dass irgendetwas nicht mehr richtig stimmt, zu eng geworden ist, vielleicht auch zu Ende geht, anders gemacht werden sollte. Vielleicht radikal anders? Disruptiv anders? Aber was könnte damit eigentlich gemeint sein? Geht es dabei primär um Technologie? Um Innovation? Oder auch um die Organisation? Oder bricht da gerade noch mehr auf in Wirtschaft und Gesellschaft? Und wie können wir das alles denken?

Wir wissen viel, können viel. Haben vieles schon mehr als einmal erlebt. Wir sind bereit, die Komfortzone zu verlassen, wie man so sagt. Wir kennen die wichtigsten Erfolgsstrategien der bekannten Erfolgsratgeber. Unser Werkzeugkoffer ist gut gefüllt. Wir haben gelernt, unsere Energien zu mobilisieren und auf ein Ziel hin auszurichten. Wir sind fokussiert, haben ein gutes Zeitmanagement, verstehen etwas von moderner Kommunikation. Wir sind gut vernetzt und unsere elektronischen Assistenten nehmen uns viel ab. Und doch haben wir das Gefühl: Wir sind Getriebene, gejagt von Augenblick zu Augenblick. Hauptsache, durch. Wir funktionieren, optimieren, reagieren. Oben wie unten. Aber wir sind uns nicht mehr sicher, ob wir noch tatsächlich vorausschauend agieren.

Wir möchten auf neue Gedanken kommen, Auswege finden, mehr Freiraum bekommen in der Strategie wie in der Organisation. Und ganz persönlich auch. Wir möchten aber auch verstehen, was da gerade passiert und wie es weitergeht. Und ich denke, dass dies zusammengehört. Beides zusammen hat etwas zu tun mit Disruptive Thinking: mit tiefgreifenden Brüchen und mit dem Denken dieser Brüche. Und dieses beginnt mit Bildern.

Alte Welt – neue Welt (1): Autobahnen und Bergwege

Jeder Leistungssportler weiß: Wettkämpfe werden »im Kopf entschieden«. Wir brauchen innere Vorstellungsbilder von dem, was vor uns liegt, Vorstellungen von der Art und Weise, wie wir vorgehen wollen, und Bilder von den Bewegungen, die unseren Alltag verändern werden. Lange Zeit hatten viele ziemlich einfache Bilder dessen im Kopf, was wir Fortschritt nennen: Alles schien irgendwie stetig und geradlinig voranzugehen. Und stets aufwärts. Schneller, höher, weiter. Immer mehr. Das Fortschreiten als Fortfahren – auf einer schnurgeraden Strecke. Der Weg in die Zukunft als Autobahn. Zunächst real, dann digital. Der Datenhighway war das Sinnbild und der dazu passende Begriff. Das Marketing der Informationstechnologien machte den Highway zum Leitmotiv. Bill Gates machte ihn zum Titelbild seines später in Millionenauflage verkauften Buches *Der Weg nach vorn*.

Dieses Bild suggerierte Gewissheit, Sicherheit, Eindeutigkeit. Und dementsprechend waren die Botschaften: Was vor uns liegt, ist berechenbar, gewiss, eindeutig. Du kannst auf uns bauen und uns vertrauen.

Das war die alte Welt, das alte Paradigma, das herkömmliche lineare Denken im Management und in der Führung: die Geradeausfahrt auf der Autobahn. Visualisiert als markante Linie von links unten nach rechts oben – wie die Wachstumsplanungen auf den PowerPoint-Charts. Eingerahmt von einem Kasten, einem Rechteck, einem Quadrat. Das kennen wir. Es gleicht dem Logo einer traditionsreichen, über viele Jahrzehnte sehr erfolgreichen und angesehenen deutschen Bank. Das leuchtete jedem ein. Aber es war höchstens ein geschönter Ausschnitt aus der Realität. Die Wirklichkeit ist selten linear. Die Wirklichkeit in dieser Zeit tiefgreifender Veränderungen schon gar nicht. Sie gleicht eher einem Bergweg. Mit vielen Höhen und Tiefen. Mit Ungewissheit. Mit begrenzter Sicht. Manchmal mit wunderbaren Aussichten. Und mit ziemlich tiefen Abgründen.

Die **WIRKLICHKEIT** ist SELTEN LINEAR

Bergweg, Ungewissheit, Übergangszeit: Wir spüren, dass das Alte nicht mehr richtig funktioniert, wir sehen, dass etwas Neues beginnt, ja manchmal wissen wir sogar, aus welcher Ecke es kommt. Doch dann wissen wir nicht mehr genau, was daraus wird, und wir können nicht mehr richtig planen. Schon gar nicht langfristig. Wir können nur jetzt anfangen zu gehen, experimentell die nächsten Schritte tun. Durchs Nichtwissen, durchs Chaos hindurch. Und irgendwann sehen wir vielleicht wieder besser und wissen, wo es langgeht.

Aber das neue Wissen werden wir nur bekommen, wenn wir die Autobahn verlassen, wenn wir anfangen, selbst das Gelände zu erkunden, wenn wir uns auf Überraschungen und Widersprüche einlassen und mit kreativem Vertrauen radikal Neues versuchen. Das ist ein wirklicher Bruch.

Alte Welt – neue Welt

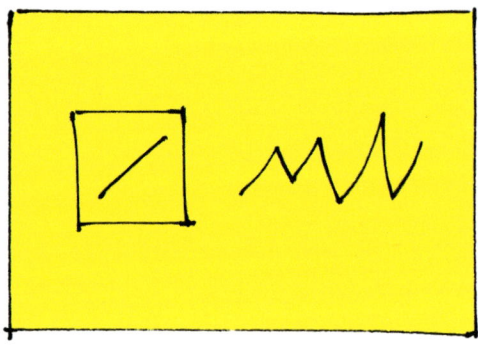

Linear   *Nicht linear*
Autobahn-Denken   *Bergweg-Denken*

Autobahn oder Bergweg? Linearität oder Nichtlinearität? Eindeutigkeit oder Mehrdeutigkeit? Widerspruchsfreiheit oder Widersprüchlichkeit? Das sind andere Bilder, andere Weltsichten, andere Strategien. Man könnte auch sagen, es sind die gegensätzlichen Pole einer spannenden Entdeckungsreise, eines Übergangs von einer alten Welt in eine neue Welt. Diese Reise ist nicht immer gemütlich. Deshalb brauchen wir eher ein »Offroad-Denken« als ein Autobahn-Denken. Disruptive Thinking ist Offroad-Denken.

Viele von uns haben in den vergangenen Jahren wohl ein paar Male von der »VUCA-World« gehört: vulnerable, uncertain, complex, ambiguous. Das klang irgendwie interessant, aber doch etwas weit weg und vielleicht zu abstrakt. Die Rede vom Klimawandel war da schon fassbarer. Da konnte man leichter kausale Beziehungen von Ursache und Wirkung diagnostizieren. Es war deshalb auch einfacher, Handlungsempfehlungen auszusprechen. Mit der VUCA-World ist das eine andere Sache. Sie ist nicht so anschaulich, und es ist recht unklar, was sich daraus ergibt. »Wenn Sie glauben, Sie wüssten, was Sie in der Zukunft erwartet, dann irren Sie«, erklärte der Anfang 2017 verstorbene große polnische Soziologe Zygmunt Bauman.

Der Battleground und die »order of magnitude«

Wir haben bereits vom Battleground gesprochen. So wird nicht nur in manchen amerikanischen Hightech-Firmen geredet. So lautet auch eine Serie von Pay-per-View-Events der an der New York Stock Exchange notierten World Wrestling Entertainment. Wettbewerb und Wettkampf liegen manchmal dicht beieinander.

Viele Manager aus Übersee sind in einem Milieu aufgewachsen, das stark von der Game Industry geprägt ist. Sie kennen sich aus in Strategiespielen, sie haben im Basketball, im Football, in der Army oder eben beim Wrestling gelernt, dass man nur als Sieger vom Platz gehen sollte. Diese Einstellung gehört ebenso wie der große Optimismus zur kulturellen DNA der amerikanischen Nation. Win-win-Situationen sind ganz schön, aber nicht im Sport, nicht in der Unterhaltungsindustrie, nicht in der Politik und nicht im Business, erst recht nicht im digitalen Business. Winner takes all. Das ist gnadenlos. Das hat jeder gelernt. Du kannst spielerisch sein, freundlich sein, charmant sein und viel Spaß haben. Aber du musst gewinnen. Am besten triumphal. Du kannst als Angreifer von ganz unten kommen, du kannst zwischendurch geschlagen werden und scheitern, oft scheitern, aber am Ende musst du triumphieren. Du musst »10 times better« sein. Und wenn du das noch nicht bist, musst du noch härter arbeiten, mehr lernen, dich weiter professionalisieren. Dann kannst du es den anderen zeigen.

Natürlich solltest du deine Überlegenheit nicht zu offen zeigen, wenn du global tätig bist. Es sei denn, dass dies deine Strategie ist, wenn du damit angeben möchtest, dass du ein Kämpfer und nicht einer von denen da oben bist. Aber schon als GI haben deine comrades und du die Welt in »wir« und »sie« aufgeteilt: in die Cowboys und die Indianer. Und wie es den Indianern ergangen ist, weiß man ja.

Das gehört alles mit zum sozialen und kulturellen Kontext der digitalen Transformation, die eben mitnichten nur eine technologische ist. Auch wenn dies manche glauben, die Technologie mit Fortschritt gleichsetzen und gar nicht merken, dass sie mit ihrem Glauben die Richtung dieses Fortschritts mitbestimmen.

In amerikanischen Technologiefirmen spricht man manchmal auch von den »Four Horsemen«, die auf dem Battleground der digitalen Transformation als Dominatoren, als beherrschende Akteure gesehen werden. Der Marketingprofessor Scott Galloway hat diese Bezeichnung eingeführt. Auch hier lässt die Game Industry grüßen. Und natürlich ist auch das spielerisch gemeint. Jedermann weiß, dass die apokalyptischen Reiter nach der biblischen Offenbarung erst am Ende der Geschichte erscheinen sollen. Aber nun werden sie in die Gegenwart projiziert. Schon jetzt haben sie hier ihre Herrschaft errichtet. Wer sind die vier? Es sind Google, Apple, Facebook und Amazon. Ihnen wird eine besondere Macht zugeschrieben. Die Namen mögen sich ändern. Mancher mag insgeheim noch die chinesischen Herausforderer Alibaba oder Tencent dazurechnen. Oder sich fragen, ob Microsoft vielleicht auch noch Erwähnung finden sollte, wenn es um Marktmacht und Börsenwert geht. Oder vielleicht schon Uber? Aber das sind hier nur Nebenaspekte. Es geht um Größe, Macht, Herrschaft. Und um die Furcht, die sie einflößen – oder zumindest Ehrfurcht. Und das ist ein nicht unerheblicher Teil der Geschichte der Disruption bzw. der »Story behind«, wie man so schön sagt. Mit der Story wird gerechnet. Sie gehört zur Vision – nicht nur der Großen, sondern auch ihrer kleinen Herausforderer: Mach es »10 times better, 10 times faster and 10 times bigger«. Das ist die Devise.

Ursprünglich war »10 times better« eine Idee von Steve Jobs; heute ist sie eines der Innovationsprinzipien von Google alias Alphabet. Larry Page hat es seinen Mitarbeitern als »order of magnitude« eingeprägt: »Larry Page lives by the gospel of 10 ×«, so das Internetmagazin *Wired*. »10 × can light a fire in hearts, and it's hard not to get excited and think that other, seemingly impossible things might also be possible«, so Astro Teller, der Mitbegründer des »Solve for X«-Events (das Entwickler und Erfinder mit Zukunftsideen unterstützt) und Leiter der »Google X Laboratories«, gegründet »for building moonshot ideas that can be brought to reality through science and technology – including Google Glass and self-driving cars«.

Übrigens ist sich keiner der vier Horsemen hundertprozentig sicher, ob und wie lange seine beherrschende Macht andauert. Das ist Teil des disruptiven Spiels und das gehört mit zum Nichtwissen. Man beäugt sich gegenseitig. Kann Apple in den nächsten Jahren noch etwas aus dem Hut zaubern? Wird Alphabet mit seinen Moonshots irgendwann richtig Geld verdienen? Wird die Strategie von Mark Zuckerberg in Indien aufgehen? Wer von den Herausforderern hat das Zeug dazu, den anderen ein Bein zu stellen? Doch gerade weil es diese Unsicherheit gibt, wird so unnachgiebig an der Vergrößerung der Macht gearbeitet. Und gerade deshalb wird das Streben nach einer Monopolstellung nicht als anrüchig empfunden. Ganz im Gegenteil. Das ist der Sinn des Spiels.

Peter Thiel, einer der Gründer von PayPal und manchmal einer der klügsten Köpfe des Silicon Valley, trat vor seine Studenten und erklärte ihnen, dass sie sich zweimal überlegen sollten, ob sie in irgendeiner Traditionsfirma arbeiten wollen, die sich noch im traditionellen Wettbewerb befindet. Wettbewerb sei eigentlich eine eher schlechte Idee. Man behindere sich gegenseitig, die Margen seien schlecht, folglich meist auch die Arbeitsbedingungen. Sie sollten sich etwas anderes, Besseres einfallen lassen: Gründet Unternehmen oder geht in Unternehmen, die mithilfe der digitalen Technologie und guter Planung richtig dynamisch und gigantisch wachsen. Bildet Monopole, »start small and monopolize«, das ist sein Rat an die Studenten, die die Welt erobern wollen. Als Entrepreneure, versteht sich.

Disruptive Innovationen – Clayton M. Christensen revisited

Margen, Angreifer, Herausforderer – wir haben bereits einige der Schlüsselwörter kennengelernt, die sich in dem Konzept der »disruptiven Innovation« wiederfinden, das auf Clayton M. Christensen zurückgeht und das manche für eines der einflussreichsten Managementkonzepte der vergangenen 20 Jahre halten. Und es ist genau dieses Konzept, das unser Verständnis von disruptiven Entwicklungen – im engeren und engsten Sinne – weithin geprägt hat und das ich nun etwas genauer betrachten möchte.

Es gibt zwei, drei Grundgedanken von Christensen, die er immer wiederholt. Disruptive Innovationen werden nach seiner Definition von kleineren

Herausforderung etablierter MARKT-TEILNEHMER durch kleine **UNTERNEHMEN** Unternehmen entwickelt, die es mit geringen Mitteln schaffen, »alteingesessene, etablierte Marktteilnehmer herauszufordern«. Sie entstehen in unteren Preissegmenten, in denen die Neulinge Fuß fassen können, weil die »Platzhirsche«, wie Christensen sie nennt, dieses Segment vernachlässigen. Oder sie entstehen in »neuen Märkten«, die von den Herausforderern selbst geschaffen wurden. Wichtig: Die Disruption ist nicht einfach ein Ereignis, sondern ein Prozess, der eine Weile dauert. Deshalb wird das, was da entsteht, auch oft von den etablierten Unternehmen übersehen. Es ist anfangs zu klein und unbedeutend. So wie Netflix, als es 1997 an den Start ging.

Es ist auch keinesfalls sicher, dass disruptive Innovationen erfolgreich sind. Viele scheitern, obwohl sie sich mit ihren Geschäftsmodellen viel vorgenommen haben. So wie viele Onlinehändler in den 1990er-Jahren und viele Start-ups heute. Nur wenigen Angreifern gelingt es, das etablierte Unternehmen wirklich ins Straucheln zu bringen, sein Geschäftsmodell tatsächlich zu brechen und damit selbst mächtig zu werden. Denn genau darum geht es. That's the name oft the game. Es geht um Kampf, auf Biegen und Brechen. Und es geht um Größe. Die digitalen Technologien ermöglichen dies – bzw. versprechen dies, wie wir noch sehen werden – auf ganz besondere Weise.

Wer diese Gedanken wieder liest, vermag zu verstehen, wie elektrisierend sie gewirkt haben. Das »disrupt or be disrupted«, das viele Chefs etablierter, großer Unternehmen nach eigenen Aussagen umtreibt, scheint verständlich. Man denkt sofort an Kodak. Oder an Nokia. Genau so ist es denen ergangen. Und wie ist es mit uns? Aus welcher Ecke kommt der Angriff?

Oder man denkt an die Taxibranche und an die nicht immer zimperlichen Angriffe von Uber. All das geht einem durch den Kopf. Bis man Christensen noch einmal liest. Er hat Ende 2015 seine Überlegungen in der *Harvard Business Review* erneut zusammengefasst und aktualisiert. Und da merkt man, dass nicht alle Schlussfolgerungen der Praktiker der Theorie entsprechen. Streng genommen können große Unternehmen gar nicht hoffen, disruptive Innovationen zu entwickeln. Nach der Theorie ist das nur kleinen vorbehalten. Und das Beispiel Uber passt auch nicht in das Raster seiner Theorie. Nach Christensen gehört Uber nicht zu den disruptiven Innovatoren, weil es sich nicht aus einem unteren Segment und auch nicht aus neuen Märkten heraus entwickelt, sondern direkt den »Mainstreammarkt ins Visier« genommen habe.

Nun, darüber mag man streiten. So verständlich es ist, dass Christensen seine Theorie gegen Verwässerungen verteidigt – zumal es ja tatsächlich nicht wenige gibt, die für jedes x-beliebig Neue schon aus Marketinggründen gerne das Attribut »disruptiv« verwenden –, so befremdlich scheint es mir, das theoretische Konstrukt so eng und strikt zu fassen und der Praxis vorzuschreiben, sich nach der Theorie zu richten. Zum einen wirkt Uber natürlich bereits in vielen Ländern der Welt disruptiv aus Sicht der eingesessenen Taxiunternehmen. Ganz gleich, woher das Unternehmen gestartet ist. Zum anderen ist zu fragen, warum es nicht auch größeren Unternehmen einmal gelingen sollte, das Gesetz der Serie zu durchbrechen, so schwierig das auch sein mag.

Das Dilemma mit der Disruption

Doch hier macht Christensen den stärksten Punkt. Er nennt es das »Innovator's Dilemma«. Und das erleben nach meiner Beobachtung alle Manager von erfolgreichen, großen und mittelgroßen Unternehmen immer wieder, fast jeden Tag.

Das fühlt sich so an: Du weißt, dass du größer und ein wenig schwerfällig geworden bist. Deine Organisation hat alle Hände voll zu tun, dem Druck standzuhalten, die unmittelbaren Anforderungen der Kunden zu erfüllen, die Routinen zu bewältigen, effizienter zu werden, kleine kontinuierliche Verbesserungen zu erreichen. Dein Team kommt kaum noch nach. Gleichzeitig siehst du, dass irgendwo schnellere, beweglichere, kleinere und größere Wettbewerber in den Markt drängen. Du siehst vielleicht auch, wenn auch nur aus dem Augenwinkel, dass einer der Angreifer ein neues Geschäftsmodell entwickelt hat, das bei einigen unglaublich gut ankommt. Aber diese wenigen sind nicht deine Kernzielgruppe. Zudem entspricht das neue Modell so gar nicht dem, was deine Kunden schätzen. Deine Mitarbeiter auch nicht. Das ist nicht ihre Welt. Das ist vielleicht die Welt von jungen Kreativen, von smarten Digital Natives. Aber davon hast du noch zu wenig in deinen eigenen Reihen.

Also was tun? Bleibst du bei deiner bisherigen Linie, hast du keine Chance, den Angreifern Paroli zu bieten. Schwenkst du auf den neuen Weg ein, wirst du mit aller Wahrscheinlichkeit deine angestammten Kunden verlieren. Und Geld wirst du auch dabei verlieren.

Eine scheinbar ausweglose Situation. Ein wirkliches Dilemma. Ein Widerspruch, der dein Unternehmen zerreißen könnte. Zumal: Wer weiß, wie nachhaltig das neue Modell ist? Wird es sich wirklich bald durchsetzen? Oder erst in fünf oder zehn Jahren, wenn überhaupt?

Auch Start-ups stecken übrigens immer wieder in Dilemmasituationen und können davon zerrissen werden. Das dringt nur nicht so sehr in die Öffentlichkeit: Folgst du deiner ursprünglichen verrückten, bahnbrechenden, aber noch nicht unbedingt marktfähigen Idee, dann wird es sehr schwierig, die Sache wirklich zu skalieren und genügend Kapital aufzutreiben. Passt du dich zu sehr an, um genügend Unterstützer zu gewinnen und skalieren zu können, läufst du Gefahr, zu angepasst zu werden und in der Menge unterzugehen – oder von wilderen in der Meute der kleinen hungrigen Jäger in Stücke zerrissen zu werden.

Je mehr man sich mit disruptiven Entwicklungen beschäftigt, desto mehr spürt man, wie stark sie von Widersprüchen geprägt werden. Ich füge hinzu: Das ist nun keine Theorie. Nicht nur die deutsche Automobilindustrie kann davon ein mehrstrophiges Lied singen.

Was wir nicht mögen – kleiner Einschub über den Widerspruch

»Dilemmasituation« heißt, dass man in einen inneren Konflikt gerät, weil man zwei sich widersprechenden Kräften gleichzeitig strategisch Rechnung tragen muss. Der Konflikt wird zusätzlich dadurch verschärft, dass sich um beide widerstreitenden Kräfte Anhänger scharen, die jeweils völlig davon überzeugt sind, dass ihr Weg der richtige ist und der andere nicht. Beide können dafür gewichtige Gründe anführen. Die eine Seite sagt: Wir müssen erst unsere Hausaufgaben machen und unsere eigenen Prozesse optimieren, sonst verlieren wir Kunden und sehr viel Geld. Das ist jetzt das Allerwichtigste. Alles andere ist »nice to have«, und zudem ist höchst unsicher, ob es wirklich was bringt. Die andere Seite sagt: Wenn wir jetzt nicht massiv in unsere Innovationsfähigkeit investieren und radikal etwas Neues wagen, werden wir bald keine Chance mehr haben. Dann sind wir weg vom Fenster.

Wie leicht ersichtlich, vertritt die eine Seite eher die Gegenwartsinteressen, die andere eher die Zukunftserfordernisse. Meist hat die Partei der Gegenwart, wie ich sie nennen möchte, in der Organisation die größte Anhängerschaft und in diversen Gremien die Oberhand. Nur selten nimmt sich hier jemand die Zeit, sich professionell mit Widersprüchen zu beschäftigen. Das hat ja auch kaum jemand gelernt.

Ich bin in den vergangenen Jahren in meiner Arbeit immer wieder auf dieses Muster gestoßen. Ob in Mobilitätskonzernen oder in der Telekommunikationsindustrie, ob bei Finanzdienstleistern oder in Unternehmen der Medizintechnik: Oft werde ich zunächst gebeten, über Disruptive Thinking zu sprechen oder eine Vorstandsklausur bzw. einen Workshop für Führungskräfte zum Thema Innovation zu konzipieren. Wenn es dann losgeht, erfahre ich oft, dass für das Unternehmen eigentlich ganz andere Themen im Vordergrund stehen – Optimierung, Einsparpotenziale, Operational Excellence.

Während der Veranstaltung passiert dann etwas sehr Spannendes: Die Teilnehmer spüren, dass und wie beide Seiten miteinander zusammenhängen. Sie erfahren, dass es möglich ist, mit innovativen Methoden an die Frage der Optimierung heranzugehen. Und dass disruptives Denken für die Zukunft der eigenen Organisation von großem Nutzen sein könnte. Wenn man den Mut aufbringt, sich selbst infrage zu stellen. Im Kern geht es darum, Brüche und Widersprüche (auch die eigenen) zu akzeptieren und im Umgang mit ihnen vertrauter, kreativer und sicherer zu werden. Das ist der Schlüssel für die Tür, die vielen verschlossen scheint, die sich in ihren Entweder-oder-Glaubenssätzen verbarrikadiert haben.

Nokia etc. – alles wissen und doch nichts wissen

»Der finnische Handy-Hersteller Nokia rechnet mit einem drastischen Absatzschub bei Multimedia-Mobiltelefonen. Im kommenden Jahr würden branchenweit 250 Millionen solcher Geräte verkauft werden, sagte Vorstandschef Olli-Pekka Kallasvuo am Montag in Las Vegas. Im vergangenen Jahr seien es rund 90 Millionen Multimedia-Handys gewesen – knapp 40 Millionen davon von Nokia«, so lautete im Januar 2007 eine Meldung von *heise online*, dem Nachrichtenticker der Informations- und Telekommunikationsbranche. Einen Monat später spricht Olli-Pekka Kallasvuo davon, dass Nokia einen Weltmarktanteil von 40 Prozent (!) erreichen könne, u. a. weil »es niemanden gibt, der Handys zu unseren Kosten herstellen kann«.

In einem Nebensatz erwähnt der Nokia-Chef auch Apple und das neue iPhone, das demnächst auf den Markt komme. Er weiß auch, dass sich dahinter ein neues Geschäftsmodell verbirgt. Aber er ist sich seiner Sache sicher, und so kann er sich einen kleinen Seitenhieb auf Apple und dessen Ankündigung, das iPhone mit einem Musikdienst zu koppeln, nicht verkneifen: »Wir begrüßen die Ankündigung von Apple ausdrücklich. Aber wir sind auch der Meinung, dass es noch viel besser ist, offene und nicht etwa geschlossene Systeme zu schaffen.«

Für ihn war das iPhone ein »Nischenprodukt«. Das sahen übrigens viele so. Steve Ballmer, der CEO von Microsoft, war der festen Überzeugung, das iPhone habe »keine Chance« auf nennenswerte Marktanteile.

Im Sommer 2007 kam das erste iPhone auf den Markt, zuerst in den USA, später in Europa. Damit beginnt die Ära der Smartphones, der Multi-Touch-Bildschirme, der mobilen Apps mit einer nahezu unbeschränkten Bandbreite von Anwendungen. Es beginnt die Ära der zentralen Vertriebsplattformen wie der App-Stores, die Entwickler und Kunden gleichzeitig anziehen und binden. Und es beginnt der Abstieg von Nokia. Olli-Pekka Kallasvuo, der sich 2007 noch sein Gehalt verdoppeln ließ, tritt im September 2010 zurück.

Die Entwicklungen sehen und sie nicht sehen. Von den Produkten und Geschäftsmodellen der Konkurrenz wissen und doch nicht wissen, was daraus wird. Etwas mitbekommen von der neuen Idee, aber keine Ahnung haben, wie groß sie einmal werden könnte. Das ist die Realität, die neue Normalität des Wettbewerbs in dieser Zeit. Und sage niemand, das könne ihm nicht widerfahren.

Die **NEUE IDEE** kennen, aber **keine Ahnung** haben, wie **GROSS** sie einmal werden könnte

Wer hat denn wirklich verstanden, als Facebook auf den Markt kam, was Mark Zuckerberg mit dieser Plattform im Sinn hatte – die ursprünglich erdacht schien, um studentische Spieltriebe zu befriedigen? Wer hat sich denn vorstellen können, wozu ein Netzwerk namens Pinterest gut sein könnte, in dem man Bilder an virtuelle Pinnwände heften kann? Kann man sich vorstellen, dass allein im Jahre 2011 das Datenaufkommen bei Pinterest um 2535 Prozent stieg und dass diese Plattform heute über 100 Millionen Besucher verzeichnet?

Oder wer hat denn Snapchat nicht nur registriert, sondern auch kapiert, warum dieses Gespenst auf dem Markt so erfolgreich wurde? »Wir waren diejenigen, die noch viel früher als alle anderen Snapchat nicht verstanden haben«, sagte Sascha Lobo auf der re:publica Anfang Mai 2016.

Zu früh oder zu spät?

Seit vielen Jahren wird in der deutschen Automobilindustrie über alternative Antriebsformen gesprochen. Es gab auch manche Versuche, Fahrzeuge mit Elektroantrieb zu entwickeln – gegen Widerstände in den eigenen Reihen und bei nicht wenigen Kunden. BMW baute extra ein eigenes Werksgelände in Leipzig für den i3 und den i8, das zunächst hermetisch abgeriegelt war. Da sollte niemand reinkommen, der möglicherweise diesen Ansatz hätte kaputtreden können. Zumal hier erstmals ein innovatives Gesamtkonzept verfolgt wurde: von der eigenen Stromproduktion bis zur Karbonkarosserie.

Daimler hatte zum Beispiel schon 2010 einen Elektro-Van präsentiert, der 2011 auf dem Markt kam und als Flop endete: Nur 1000 Stück konnten verkauft werden. Nun, mit dem neuen, rundum vernetzten »Vision Van« ist man zuversichtlicher geworden. Aber es bleibt ein Risiko. Wolfgang Bernhard, bis 2017 im Vorstand der Daimler AG, beschreibt das Dilemma: »Wer zu früh kommt, verliert ein Vermögen. Wer zu spät kommt, verliert den Markt.«

Das heißt: Bislang waren und sind die Batterien zu teuer, die Reichweiten zu kurz. So schien es. Aber das ändert sich. Die Frage ist nur, wie schnell das geht und wie schnell die Akzeptanz steigt. Und die Frage ist, warum es ausgerechnet einem Branchenfremden gelang, mit den Tesla-Modellen in der Roadster- und in der Premium-Klasse Elektrofahrzeuge zu bauen, die schon seit Jahren recht ansehnliche Reichweiten haben.

Das beschäftigt den deutschen Automobilmanager. Auch wenn er viele Gründe anführen kann, warum das Konzept von Elon Musk unzulänglich sein mag, treibt ihn mehr noch die Frage um, wie man unter den Bedingungen von Ungewissheit gute, möglichst weitsichtige Entscheidungen treffen kann. Denn die Entscheidungen über die Modellpalette, die man heute trifft, werden erst in vier oder fünf Jahren vom Markt honoriert werden – oder eben nicht. Und was kann in diesem Zeitraum nicht alles passieren? Wie disruptiv wird die Diesel-Krise sein? Wie lange wird sie wohl dauern? Wen wird sie besonders treffen?

Doch dann gibt es ein noch größeres Thema, das alle Manager in der Branche weltweit beschäftigt. Nicht nur in den Automobilfirmen, sondern auch bei den Zulieferern. Es heißt: autonomes Fahren. Noch gibt es viele offene Fragen, von denen einige auf ein Dilemma von existenzieller Bedeutung verweisen. Sie lauten: Wann und wie wird sich dieses Konzept durchsetzen? Welche Bedingungen müssen dafür gegeben sein, etwa im Bereich der Infrastruktur oder Verkehrssysteme? Wann, wie, mit welchen Geschäftsmodellen und Produkten wollen wir darauf reagieren – oder besser: versuchen, vorausschauend zu agieren? Und was bedeutet das für unser Unternehmen, wenn wir uns auf dieses neue Feld begeben? Wer sind dann unsere Wettbewerber? Wer sind dann unsere Kunden? Wollen die überhaupt noch große, leistungsstarke Autos? Oder wird das künftig ein Nischenmarkt und wir werden selbst zum Nischenanbieter?

Das voll vernetzte, selbstfahrende Auto mit Elektroantrieb, dessen Nutzung sich mehrere Menschen teilen, das also nicht mehr einer Privatperson gehört, sondern einem professionellen Mobilitätsanbieter, wobei die Batterien zudem einen Beitrag zur dezentralen Energieversorgung leisten können – das ist die wirklich große Vision. Eine integrierte Vision der Transformation: digital, kreativ und nachhaltig. Autonomes Fahren, Elektromobilität, Energiewende und Sharing-Ökonomie könnten zusammenkommen und zusammenwirken. Das wäre wirklich eine Disruption. Aber es könnte auch einiges dazwischenkommen.

Automobilität neu erfinden – wer hat die Nase vorn?

Vielleicht Tesla? Weil Tesla schon einiges erproben konnte und Elon Musk eine große, integrierte Vision hat? Vom Automobil über die Produktion leistungsstarker Batterien bis zur Energieversorgung mittels Solarziegeln für Haus und E-Auto? Oder doch die alten Hasen, die Unternehmen der alten Welt: BMW, Daimler, General Motors, Toyota etc., die sich strategisch längst konsequent auf die neue mobile Welt eingestellt haben? Vielleicht aber auch ganz andere Spieler? Zum Beispiel Faraday Future in Los Angeles, ein Unternehmen, das nichts Geringeres will, als die Automobilität neu zu erfinden? Eine »Technologiefirma, die auch ein Auto baut«, wie der österreichische Design-Chef Christian Eckert es ausdrückt. Eine Firma, die sich ganz kalifornisch gibt und doch vom chinesischen Internetmilliardär Jia Yueting gegründet wurde.

In Nevada soll eine der größten Fabriken der Welt entstehen. Von hier aus sollen jährlich 150 000 Autos den Weltmarkt erobern. Zwischendurch wurde der Bau allerdings gestoppt, weil die Finanzierungslücke zu groß und zu offensichtlich war. Auch das gehört zu diesem Spiel. »Da tobt eine Schlacht wie beim Wettrennen um den Mond«, kommentiert Michael Höynck, der für die Robert Bosch GmbH in Palo Alto im Forschungszentrum RTC für autonomes Fahren zuständig ist.

Der Engländer Nick Sampson, vorher bei Tesla beschäftigt und wie so viele in der Branche abgeworben, ist Chefingenieur von Faraday Future und zuversichtlich. Er sagt, Tesla sei den Schritt in die digitale Zukunft nur »halbherzig angegangen«. Und »der Gedanke, dass ein Auto ein integraler Bestandteil des digitalen, vernetzten Lebens« sein müsse, sei ihnen fremd gewesen. FF würde den Weg mutiger und konsequenter gehen. Auf der Elektronikmesse CES 2017 stellte Faraday ein elektrisch betriebenes Luxusauto mit dem Namen FF91 vor. Mit 1050 PS. Von null auf 60 Meilen (knapp 100 Stundenkilometer) in 2,4 Sekunden. Reichweite mehr als 600 Kilometer. So die Angaben. Damit würde der FF91 ganz vorne liegen. Fragt sich nur, wo dieses Fahrzeug eingesetzt werden kann.

Oder vielleicht schafft es ein Start-up aus dem Silicon Valley? Möglicherweise muss man sich den Namen Atieva merken. Auch hier hat die Methode des Abwerbens funktioniert. Der ehemalige Chefingenieur von Tesla, Peter Rawlinson, und der Designer Derek Jenkins, der u. a. schon für Mazda und Audi gearbeitet hat, sind engagiert worden. Auch einige ehemalige Bosch-Ingenieure tüfteln mit. Ihre Mission: bis 2018 in Menlo Park ein teures, schnelles Elektroauto bauen, das besser als der Tesla sein soll. Geld scheint keine Rolle zu spielen. Hinter Atieva steckt das chinesische Staatsunternehmen BAIC. China ist längst in Kalifornien angekommen.

Eine neue Vision der Mobilität, das treibt alle an und um. Von Atieva bis Tesla, von BMW über Daimler bis GM. Immer schwingt die Hoffnung mit: Wir schaffen es, den Durchbruch, die Disruption. Nur manchmal, und dann sehr leise, klingt die Befürchtung durch: Hoffentlich liegen wir richtig. Hoffentlich erwischt es uns nicht. »Wenn man sich Apple und Google ansieht und all ihre Pläne in den vergangenen Jahren, Autos zu bauen: Die dachten, die Autoindustrie ist eine Ansammlung von Dummköpfen. Und jetzt bauen sie doch keine Autos mehr«, sagt Amnon Shashua, Mitbegründer des israelischen Unternehmens Mobileye, das Sensoren und Kameras baut und gemeinsam mit BMW und Intel am Thema autonomes Fahren arbeitet.

Wie gut, dass Elon Musk noch mindestens eine zweite mobile Vision in petto hat. Sie heißt Hyperloop. Ein Hochgeschwindigkeitssystem, das man sich wie eine Rohrpost vorstellen muss. Die zu befördernden Personen werden in Transportkapseln auf Luftkissen durch eine Röhre geschossen. Die Fahrzeit soll 45 Minuten betragen – von Los Angeles nach San Francisco. Das sind 600 Kilometer. Hyperloop wird eine Reisegeschwindigkeit von bis zu 700 Meilen oder 1225 Kilometer pro Stunde erreichen. Das knallt. Wie bei der erfolgreichen Testfahrt in der Wüste von Nevada. An der Umsetzung der Idee – mit unterschiedlichen Partnern – sollen sich inzwischen auch die Deutsche-Bahn-Tochtergesellschaft DB Engineering & Consulting und die französische Bahngesellschaft SNCF beteiligen.

Doch was wird eigentlich aus dem Stadtverkehr? Welche mobilen Lösungen werden sich dort durchsetzen? Vielleicht sind die Straßen nicht mehr genug und der Volvo-Futurologe Aric Dromi behält mit seiner Prognose recht, dass fliegende Autos eher kommen werden als autonom fahrende Autos? Der Falke von Google wartet schon auf seinen Einsatz.

Der große Appetit

»Software is eating the world«, hat der Netscape-Gründer Marc Andreessen einmal formuliert. Man kann es auch so ausdrücken: Der Hunger mancher Software-Giganten ist unersättlich. Sie möchten die ganze Welt verspeisen. Man fängt klein an, in einer Nische. Dort kann man üben, wie das geht, andere zu verspeisen. Manche bekommen dann richtig Appetit. Und sagen es auch laut und deutlich. Der bisherige Chef von Uber zum Beispiel. Von ihm wissen wir: Uber ist angriffslustig und hat ständig Lust auf mehr. Zuerst Limousinenservice, dann Onlinevermittlung von Fahrdienstleistungen, strategisch gezielt ausgebaut als Plattform zur Vermittlung von Fahrgästen und privaten Fahrern, dabei immer weiter expandierend, Hindernisse und Konkurrenten aus dem Weg räumend. In Deutschland bisher nicht so erfolgreich. Aber das soll sich nach dem Willen des Uber-Gründers Travis Kalanick auch irgendwann ändern.

Dann geht es nicht mehr um den Angriff auf die Taxibranche, dann kommt der Angriff auf die Automobilindustrie. Kalanick sagt das ganz offen: »We want to get to the point that using Uber is cheaper than owning a car.« Und dann fügt er noch hinzu, ehe man Luft holen kann: Das ultimative Ziel sei »transportation that's as reliable as running water«. Das geht natürlich nur, wenn das fahrerlose Auto kommt. Dann braucht es nun wirklich nicht mehr viele Taxifahrer. Und die Fahrdienste von Uber werden konkurrenzlos günstig. Oder es kommt die fahrerlose Drohne. Das wird dann etwas teurer. Aber wer braucht dann eigentlich noch eine E-Klasse oder einen 7er BMW? Wer wird dafür noch viel Geld ausgeben wollen? Vielleicht werden sich ein paar Leute den Luxus einer großen Limousine oder eines Sportwagens leisten. Doch wer kauft normale Klein- oder Mittelklassewagen? Außer den wenigen professionellen Abnehmern wie Uber? Es erfordert nicht viel Fantasie, um sich auszumalen, was das für die deutsche Automobilindustrie bedeuten könnte – an der, wie wir wissen, mindestens ein Fünftel der Arbeitsplätze in Deutschland hängt. Deshalb hat sich Daimler wohl schließlich auch auf einen Deal mit Uber eingelassen und ist damit zufrieden, seine Fahrzeuge künftig auch auf der Uber-Plattform anzubieten. Übrigens gibt sich ein Travis Kalanick mit der Automobilindustrie allein keineswegs zufrieden: »If we can get you a car in five minutes, we can get you *anything* in five minutes.«

Man ist geneigt, derartige Äußerungen für großsprecherisch zu halten. Doch vielleicht erinnern wir uns daran, dass die meisten – und gehören wir nicht selbst zu den meisten? – vor ein paar Jahren Amazon für einen Onlinebuchhändler gehalten haben. Amazon ist von Jeff Bezos strategisch gezielt als Plattform konzipiert und ausgebaut worden. Heute wissen wir, dass Amazon das meiste Geld mit Cloud-Services verdient, die es Unternehmen anbietet. Die Cloud-Sparte Amazon Web Service ist das am schnellsten wachsende und profitabelste Geschäft von Amazon geworden.

Plattformstrategien zu konzipieren, erfordert andere Fähigkeiten, als klassische Produkt- oder Firmenstrategien zu entwickeln. Das haben viele Unternehmen in Deutschland und Europa nicht oder erst ziemlich spät verstanden. Mit dem Fünf-Kräfte-Modell von Michael Porter kommt man da nicht mehr weit, mit dem Modell der »Hypercompetition« nur etwas weiter. Man muss Märkte, Wettbewerber und potenzielle Wettbewerber mit anderen Augen sehen lernen. Man muss vernetzt denken und mit Netzwerken spielen

Man muss auf überraschende Weise EINFACH SEIN

können. Man muss sich radikal öffnen für das Fremde und Unbekannte, Grenzen weit verschieben und gleichzeitig strikt auf den Eigennutzen bedacht sein und die eigenen Grenzen gekonnt sichern können. Man muss kooperativ sein und egoistisch. Ziemlich verrückt und sehr systematisch. Man muss neugierig sein auf die Vielfalt und Komplexität dieser Welt und sich gleichzeitig konsequent fokussieren können. Mit einem Wort: Man darf nicht kompliziert, sondern man muss auf überraschende Weise einfach sein. Jedenfalls wenn man mithalten will. Wenn man das alles will. Wenn man nicht noch ein paar andere, bessere Spielzüge im Repertoire hat. Aber haben wir das?

Eine andere Größenordnung

Bis 2020 sollen auf Chinas Straßen 5 Millionen Autos mit alternativem Antrieb fahren – die Regierung der Volksrepublik setzt dafür viele Hebel in Bewegung. Zum Beispiel bekommen die Käufer eines Elektroantriebes bis zu 7000 Euro Prämie. Die Ladestationen werden überall im Land gebaut. Rund 30 000 sollen es schon sein. Doch wer entwickelt und fertigt die Fahrzeuge? Natürlich – wenn möglich – vor allem chinesische Unternehmen, unterstützt mit internationalem Know-how, das eingekauft wird. Wie das geht, hat man u.a. aus dem Profifußball gelernt. Nur wird hier strategisch noch größer gespielt. Das Engagement im Silicon Valley ist eine der möglichen Spielvarianten. Die andere heißt: Wir bauen das alles bei uns im Lande auf. Und zwar noch schneller. Zum Beispiel in Shenzhen, bekannt für sein gigantisches Entwicklungstempo, genannt »Shenzhen-Tempo«. Hier wurde 2016 FMC gegründet, die sogenannte Future Mobility Corporation. Die Gründer sind Tencent (das größte Internetunternehmen Chinas), Harmony (chinesischer Händler von Luxusautomobilen) und Foxconn (Hersteller von Elektronikteilen mit etwa 1,3 Millionen Mitarbeitern, der u.a. für Apple, Intel und Sony produziert). Das Ziel: »Wir wollen das Apple der Automobilindustrie werden«, sagt der CEO des neuen Mobility-Unternehmens, Carsten Breitfeld. Er war bis Anfang 2016 zwei Jahrzehnte lang bei BMW und zuletzt dort für den i8 verantwortlich. Breitfeld gehört neben einigen anderen Topmanagern und -entwicklern von BMW, Daimler, Google und Tesla zum Führungsteam des chinesischen Unternehmens, das – wie man munkelt – Gehälter zahlt, die tatsächlich sonst nur im internationalen Profifußball bezahlt werden. Ein Start-up, bei dem fraglich ist, ob man es so bezeichnen soll. Zumal es innerhalb von drei Jahren das erste serienreife Automobil auf die Straßen bringen will. Ein Elektro-Geländefahrzeug, das etwa 45 000 Dollar kosten soll. Für Carsten Breitfeld lautet die Frage: Wie kommen wir möglichst rasch »von der alten Welt in die neue Welt? Wir haben keinen Ballast aus der Vergangenheit.« So kann man es sehen. Man kann es auch anders sehen: Hier wird das Innovator's Dilemma mit Geld und Macht ausgehebelt. Oder es wird jedenfalls versucht. Mit unbeschreiblich viel Geld und unsagbar viel Macht – ökonomischer und staatlicher Macht. Die Widersprüche für hiesige Unternehmen – ob groß und arriviert oder klein und am Anfang – werden dadurch nicht geringer. Wie wollen wir uns darauf einstellen? In Kreuzberg, Leipzig, Sindelfingen? In Berlin oder Brüssel?

Oder gehen wir einfach dorthin, wo die Startbedingungen für Innovatoren besonders günstig sind und alles so schnell geht wie in Shenzhen oder in Singapur? Manche tun das, beispielsweise der Unternehmer Jürgen Schaar, der für die Gründung seines Unternehmens Blockchainfirst Singapur gewählt hat und dies so kommentiert: Hier in Singapur gibt es ein Start-up, »dessen Geschäftsmodell es ist, Unternehmensgründungen in der Blockchain über sogenannte Smart Contracts durchzuführen. Innerhalb von 24 Stunden ist die Firma geschäftsfähig und alles wird über die Blockchain abgewickelt.« Doch wie verwandelt man Schnelligkeit in Größe?

Neue, grenzüberschreitende Kombinationen

Kann man den Großen überhaupt Paroli bieten? Vielleicht wenn man bereit ist, selbst vernetzt und groß zu denken. Das hieße, genau das zu tun, was in Festvorträgen gerne gesagt wird, aber im Alltag so unendlich schwierig zu realisieren ist: »out of the box« oder »über den Tellerrand hinaus« zu denken. Also über den eigenen Bereich, über die eigene Firma, über die eigene Branche hinaus zu denken, Lösungen »in between« zu entwickeln, Kooperationen und Allianzen einzugehen. Nach den Akteuren Ausschau zu halten, die mit einer anderen Kompetenz und aus einem anderen Blickwinkel heraus an ähnlichen Fragen arbeiten. Zum Beispiel überall dort, wo es um »smarte« Lösungen geht, um die »smart city«, um das »smart home«, um »smart mobility«, »smart grids« oder »smart health« – also dort, wo die Vernetzung selbst das eigentliche Thema ist. Überall dort werden vernetzte Innovationen gefordert, »kombinatorische Innovationen«, wie das der niederländische Innovationsforscher Paul Iske nennt, oder »crosssektorale Innovationen«, wie Stephan A. Jansen sie fordert. Ist es nicht genau das, was BMW in Kooperation mit Intel und Mobileye versucht, um beim Thema autonomes Fahren »vorausschauend« mit dabei zu sein?

Disruption ist nicht dasselbe wie Digitalisierung

Natürlich kann man in einem sehr allgemeinen Sinn davon sprechen, dass die digitale Transformation selbst ein disruptiver historischer Prozess ist. Ein Industriezweig nach dem anderen, ein gesellschaftlicher Bereich nach dem anderen wird davon erfasst. Von den Medien bis zum Einzelhandel, von der Automobilbranche bis zu den Finanzdienstleistern, von der Industrie über die Bildung bis zur Medizin und so weiter und so fort. Aber dies ist im Begriff der digitalen Transformation ohnehin enthalten. Doch nach meiner Beobachtung müssen noch ein paar Ingredienzien mehr dazukommen. Zum Disruptiven gehört zum Beispiel das Nichtwissen, also die Bereitschaft, das Undenkbare zu denken, sich auf das Überraschende einzustellen und nicht einfach das Vorhersagbare bloß gedanklich zu reproduzieren. Oder die Skalierung, also die Fähigkeit, das Kleine durch Vernetzung und neue Kombinationen groß zu machen (eine Fähigkeit, die nicht allein auf dem gekonnten Einsatz von Technologie beruht). Andernfalls wäre es für jedes Unternehmen, das die Digitalisierung konsequent vorantreibt und das bewährte Modell des Business Model Canvas einsetzt, ein Kinderspiel, disruptiv zu sein. Und wir hätten Zehntausende disruptive Organisationen im Lande. Kleine, mittelgroße und große. Was ersichtlich nicht so ist.

Das ist übrigens auch so ein Dilemma: Das Business Model Canvas von Alexander Osterwalder war vor ein paar Jahren so etwas wie eine disruptive Management-Innovation. Viele haben dadurch zum ersten Mal die Bedeutung des Themas Geschäftsmodelle verstanden. Ein gigantischer, auch für die Autoren wirklich überraschender Erfolg. Aber nun, da das Modell zu einem »global standard used by millions of people in companies of all sizes« geworden ist, wie es in der Werbung heißt, wird die Disruption zu einem Paradox: Man wird mit diesem Modell zwar immer noch gerne arbeiten, aber eben im Bewusstsein, dass alle Wettbewerber das gleiche Tool nutzen, um ihre Innovation zu modellieren.

Disruption ist also noch etwas anderes als Digitalisierung. Und disruptiv denken ist noch etwas mehr, als ein neues Produkt mit digitaler Technologie zu entwickeln, das vom Marketing als bahnbrechend verkauft wird. Christoph Keese hat das sehr schön am Beispiel eines Rasenmähers aus deutscher Fertigung illustriert, der natürlich digitalisiert war und angeblich voll automatisiert funktionierte. Letzteres aber nur unter allen möglichen Restriktionen. Und nur wenn der willige User bereit war, ein paar Extraschichten einzulegen, um ihn auf einem vorher von ihm selbst mit einem Draht begrenzten Stückchen Erde zum Laufen zu bringen. Das alles, weil dieses Produkt von A bis Z nicht vernetzt gedacht, entwickelt und gefertigt wurde. Übrigens eine exzellente deutsche Firma, die Keese bereitwillig über den Hintergrund dieser Geschichte Auskunft gegeben hat. Und sie selbst als ein Lehrstück verstanden hat. Bosch, denn um diese Firma handelt es sich, gehört denn auch zu den Unternehmen, die in den letzten Jahren das Thema Vernetzung auf allen Ebenen ganz neu angegangen sind.

Aus scheinbar kleinen Vorfällen lernen und dabei noch einmal klein und von vorn anfangen, das ist ein Wesenszug von Disruptive Thinking. Das ist Disziplin und das ist Kunst. Wenn beides zusammenkommt und man viel Glück hat, entsteht daraus manchmal etwas Großes.

Denn digitalisierte Produkte, digitalisierte Verfahren, digitalisierte Vertriebskanäle, digitalisierte Insellösungen etc. – das ist alles nicht unser Problem. Das Problem liegt woanders. Es wird insbesondere im Alltag zu wenig vernetzt gedacht, geforscht, gearbeitet, gespielt und experimentiert. Im kleinen wie im großen Maßstab. Ich erlebe es immer wieder in der Arbeit mit Führungskräften, in Konzernen wie im Mittelstand: Vernetzung? Das finden alle wunderbar. Das wird großgeschrieben – in Einladungen zu Seminaren, auf Tagesordnungen, in Führungsgrundsätzen. Aber wenn es an die tägliche Arbeit geht, trifft man immer wieder auf Silodenken, Bereichsprioritäten, mangelnde Zuständigkeiten für Grenzthemen: Das ist meine Disziplin, mein Ressort, mein Baby – »Mit Ihnen teilt meine Ente das Wasser nicht, Herr Müller-Lüdenscheidt«. Jedenfalls so lange nicht, wie ich in erster Linie für die Produkte und Prozesse in meinen Bereich hierarchisch verantwortlich bin und hier Ergebnisse bringen muss. Während des Seminars finden es fast alle chic, sich mit den anderen Kollegen in der Gruppenarbeit oder abends bei einem Glas Wein zu vernetzen. Drei Monate später ist wieder alles beim Alten. Und man wundert sich, was sich da draußen auf den Märkten inzwischen so alles entwickelt hat.

Es fehlt nicht an Digitalisierung, sondern an VERNETZUNG

Schwarze Schwäne, Einhörner und bunte Elefanten

»Man begegnet in der Prärie ganz so wie in den Ortschaften der zivilisierten Länder jener Übertreibungssucht, welche aus einer Mücke einen Elefanten macht«, heißt es in *Winnetou 3* bei Karl May. Was aber, wenn die Übertreibung zum Spiel gehört? Die Disruptionsstrategien wichtiger digitaler Spieler setzen auf Übertreibung, auf die Überbietung, auf die Hoffnung, viel schneller und ganz anders wachsen zu können als herkömmliche Unternehmen. Disruption bedeutet in diesem Sinne die Verwandlung der Mücke in einen Elefanten, in einen starken, bunten Elefanten.

Unmöglich? Anatomisch, physikalisch, biologisch? Vielleicht, aber das ist eben das alte europäische Denken. In der digitalen, vernetzten, virtuellen Welt ist das sehr wohl möglich. Nach der Devise von Peter Thiel: »Start small and monopolize.« Mach es wie Facebook, Amazon, Instagram & Co.

Schon die Ankündigung, dass irgendwas bald das neue große Ding, »the next thing«, sein könnte, kann Wunder bewirken. Versuchen Sie mal, nicht an einen Elefanten zu denken, wenn von ihm die Rede ist. »Don't think of an elephant!«

Doch bis zum Elefanten ist es ein weiter Weg. Auf diesem Weg der Verwandlung wartet aber eine nicht minder begehrte Spezies aus dem Reich der menschlichen Fantasie: das Unicorn, das Einhorn. So werden bekanntlich die jungen Unternehmen bezeichnet, die der ersten, mühsamen Start-up-Phase entwachsen sind und mit über einer Milliarde Dollar bewertet werden. Auch nicht schlecht. Da ist in den letzten Jahren schon eine recht stattliche Herde zusammengekommen. Über gehört dazu, Airbnb, Spotify, Elon Musks SpaceX, das umstrittene Big-Data-Unternehmen Palantir oder die chinesischen Einhörner Xiaomi und Didi Chuxing (zum Zeitpunkt, da dies geschrieben wird). Oder Snapchat, der gelbe Geist, der 2011 aus der Flasche gekommen ist und nun die Herzen von Teenies entzückt. Immer nur ein paar Sekunden lang, dann verschwindet er wieder, hinterlässt aber in jeder Hinsicht bleibende Erinnerungen. Die Liste der Unicorns ist in den letzten Jahren rasant gewachsen. So wie die Menge des in sie investierten Kapitals. Und in allen Fällen geht es um Ideen und Erwartungen: um das Potenzial, das in die Firmen hineingelesen wird.

Und immer geht es um mögliches Wachstum, um scheinbar unmögliches gigantisches Wachstum. Nämlich um die Erwartung, dass eine zunächst mückenhaft kleine Start-up-Firma irgendwann märchenhaft exponentiell zu wachsen beginnt. Und mit ihr auch das investierte Kapital. Das ist die Kombination aus entfesselter Fantasie und Berechnung. Es könnte vielleicht mit dieser Firma klappen. Das Geschäftsmodell klingt vielversprechend. Die Mannschaft ist motiviert. Der Netzwerkeffekt ist absehbar. Denken wir groß und kühn. Es könnte sein, dass wir mit dabei sind, wenn XY richtig in die Gewinnzone kommt. Dann könnte das Geschäftsmodell, in das wir investiert haben, zu fliegen beginnen. Also sich in einen schwarzen Schwan verwandeln, in ein Wesen, das niemand auf der Rechnung hatte. So wie es Nassim N. Taleb beschrieben hat: Alle haben nur mit weißen Schwänen gerechnet. Aber irgendwann taucht dieser schwarze Schwan auf und bringt alles durcheinander und alle aus dem Konzept. Nur uns nicht, weil wir auf ihn gesetzt haben. Aber genau wissen wir es natürlich nicht.

Nur das ist gewiss: Die meisten Start-ups scheitern. Der Start-up-Boom, den wir überall in den Metropolen und gerade in Berlin erleben, darf nicht darüber hinwegtäuschen, dass nur ein Bruchteil der Neugründer sich auf dem Markt disruptiv durchsetzen wird. Wenn von 100 Gründungen – konservativ gerechnet – maximal 20 es schaffen, überhaupt zu überleben, werden von diesen 20 sicher nur einige wenige die Fähigkeit, die Kraft und die Schnelligkeit haben, wirklich disruptiv zu wirken. Welche das sein werden, können wir anfangs nicht wissen. Da geht es den Angreifern nicht anders als den Arrivierten. Das Nichtwissen im Wissen wird zum ständigen Begleiter der Akteure. »Wir wussten vorher auch nicht genau, wo es langgeht«, sagt Jens Müffelmann, der im Hause Springer den digitalen Umbau in entscheidender Position als »Stürmer« mit vorangetrieben hat. Man wusste nur, dass es galt, voll auf Angriff umzuschalten, wie Müffelmann es einmal gemeinsam mit seinem Kollegen Ulrich Schmitz in einem berühmt gewordenen, selbstironischen Tipp-Kick-Video in einem Hotelbett (https://www.youtube.com/watch?v=tIZPouEs_CM) veranschaulichte.

Das bedeutet die Ausweitung der Dilemmazone: Wenn du viel investierst und dabei ausdauernd bist, kannst du vielleicht unermesslich viel gewinnen. Das ist aber sehr unwahrscheinlich. Oder du kannst einiges verlieren. Das ist wahrscheinlicher. Kein Wunder, dass viele konservative Unternehmer da eher vorsichtig sind und sich dreimal überlegen, ob sie bei diesem Spiel mitmachen. Aber dann müssen sie auch damit rechnen, dass sie eines Tages von den neuen Akteuren abgehängt und verdrängt werden. Und alles erscheint irgendwie unwirklich. Für diesen Typus von Wachstum gibt es keine Präzedenzfälle in der Geschichte. Wohl auch deshalb greifen wir auf Bilder aus dem Reich der Fantasie zurück oder wir wählen Metaphern aus der Welt der Wetten und der Glücksspiele. Manchmal scheint unser Verstand mit all dem nicht mitzukommen, und wir sind dankbar, wenn uns jemand die neuen Wachstumsfantasien mit einem jahrtausendealten Märchen zu erklären versucht.

Das unheimliche Schachbrett

Erfolgreiche amerikanische Wissenschaftler und Manager sind meist begnadete Geschichtenerzähler. Storytelling gehört zu ihrem Handwerk. Sie sind in der Lage, jedes noch so abstrakte oder vertrackt erscheinende Thema in überzeugender Weise narrativ zu veranschaulichen. Die besten Geschichten werden weitererzählt, von Kollege zu Kollege, von den Medien, im Netz.

Nach einer Weile verbreiten sich die Geschichten dann sehr schnell, um nicht zu sagen: exponentiell. Womit wir beim Kern der Geschichte angelangt sind. Eine Geschichte in der Geschichte. Sie nimmt ihren Ausgang mit einer Beobachtung von Gordon Moore, einem der Gründer von Intel, aus dem Jahre 1965. Er stellte fest, dass sich die Leistungsfähigkeit von Computern (genauer: die Anzahl von Komponenten auf einem integrierten Schaltkreis) alle zwölf Monate verdoppelte. Wie das auf längere Sicht weitergehe, sei natürlich unsicher. Aber man könne annehmen, dass diese Entwicklung mindestens zehn Jahre anhalte. Es sollte sich in den nächsten Jahrzehnten herausstellen, dass Gordon Moore gut beobachtet hatte – auch wenn aus den zwölf später 18 Monate werden sollten.

Seine Beobachtung erhielt den griffigen Titel »Mooresches Gesetz«, machte weltweit die Runde und gehört heute zum Basiswissen. Dabei ist es streng genommen kein Gesetz, jedenfalls keines vom Charakter eines Naturgesetzes. Sondern es ist eine aus der bisherigen Entwicklung abgeleitete Prognose mit nur begrenzter Gültigkeit. Namhafte Experten und Wissenschaftler aus der Chip-Industrie haben darauf seit geraumer Zeit hingewiesen: »Das Mooresche Gesetz ist am Ende«, sagte Thilo Maurer, der Halbleitertechnologie für IBM erforscht, in einem *Spiegel*-Interview vom März 2013. »Es gibt physikalische Grenzen, an denen wir nicht rütteln können.« Ich sollte hinzufügen: solange neue technologische Lösungen, beispielsweise eine neue Generation von Superchips, die mit der Extrem-Ultraviolett-Lithografie hergestellt werden, noch nicht aus dem Teststadium hinaus sind. Sie könnten unsere Vorstellungen von Grenzen weiter verschieben.

Doch dann gibt es noch eine weitere Geschichte. Sie erscheint manchen viel faszinierender. Ins Spiel gebracht hat sie zuerst der Futurist und Erfinder Ray Kurzweil, und zwar bereits 1999 in seinem Buch *Homo S@piens*.

Für ihn stößt nichts an eine Grenze. Das »Gesetz« vom steilen exponentiellen Wachstum, von einem Wachstum, dem keine Grenzen gesetzt sind, gilt nicht nur für die Rechenleistung von Computern, sondern es ist ubiquitär. Es lässt sich verallgemeinern: Es gilt nicht nur für die Informationstechnologie, sondern auch für Umsätze, Erträge, Firmen, Industrien. Jedes Jahr oder alle zwei, drei Jahre eine Verdoppelung, das ist dauerhaft überall möglich. Die gesamte Wirtschaft, ja die gesamte menschliche Evolution (die er vor allem als eine Evolution der Technik versteht) ist in ein neues historisches, wie er sagt: »planetarisches« Stadium des exponentiellen Wachstums eingetreten. Da kann nichts dazwischenkommen, wie im richtigen Leben. Die Kurve wird also nicht irgendwann mal abflachen (oder in eine S-Kurve übergehen) – nein, für Kurzweil handelt es sich um ein Gesetz.

Auf der Suche nach einer geeigneten Erzählung, die diese nun nicht gerade bescheidene These veranschaulichen könnte, stieß Ray Kurzweil auf eine alte, wunderbare Legende, auf die märchenhafte Legende von der Erfindung des Schachspiels und vom Körnchen Reis: Ein weiser Mann im alten chinesischen Kaiserreich erfindet für seinen Kaiser ein besonderes Spiel mit besonderen Figuren auf einem besonderen Brett. Das Schachspiel. Der Kaiser ist darüber so entzückt, dass er dem Erfinder großzügig erklärt, er habe einen Wunsch frei. Der Erfinder erbittet sich Reis. Nicht eine Handvoll, sondern mehr. Aber doch überschaubar, so scheint es. Nämlich auf das erste Feld ein Reiskorn, auf das zweite das Doppelte, also zwei Reiskörner, auf das dritte wieder das Doppelte, also vier … und so weiter. Der Kaiser findet den Wunsch nur recht und billig, und er beginnt, ihn zu erfüllen. Doch irgendwann stellt er fest, dass die Sache ihm über den Kopf wächst.

Irgendjemand wird ihm irgendwann wohl auch geraten haben, zu rechnen. Vielleicht sogar der Erfinder selbst, weil er sich ausrechnen konnte, was sonst mit ihm geschehen würde. Spätestens in der zweiten Hälfte des Schachbretts wird das Spiel maßlos. Die gesamte Reisernte der Welt steht auf dem Spiel. Auf dem letzten Feld hätte der Kaiser 18 Billionen Reiskörner liefern müssen. Damit hätte man zweimal die gesamte Oberfläche der Erde bedecken können, einschließlich der Meere.

So weit kennen wir die Geschichte. Kurzweil spinnt sie weiter. Die Analogie wird für ihn zur Realität, zur geschichtlichen Realität des angebrochenen Zeitalters. Besonders angetan ist er von der zweiten Hälfte des Schachbretts. Für ihn ist die Sache völlig klar: »Wir« – die Menschheit insgesamt, nicht nur die digitalen Maschinen, nicht nur einige Technologiefirmen, nicht nur ein oder zwei Branchen – befinden uns mit dem anbrechenden neuen Jahrtausend auf der zweiten Hälfte des Schachbretts. Hier wird das Wirtschaftswachstum rasant und anhaltend sein und wir werden die Schwelle zu einer neuen intelligenten Lebensform überschreiten: die Vereinigung unserer Spezies mit der Computertechnologie.

Die Geschichte zirkulierte zunächst nur unter Eingeweihten. Und in dem Kreis derer, die ein Interesse an ihrer Pointe hatten – dem Versprechen der scheinbar mühelosen Reichtumsvermehrung. Also insbesondere unter Kollegen an der Wall Street. Nach dem Ausbruch der Finanzkrise 2008 wurde es zunächst etwas stiller: Die Geschichte wurde kaum noch erzählt, es sei denn vom harten Kern der Väter der kalifornischen Singularity University (zu denen Ray Kurzweil selbst gehört), die 2008 gegründet wurde. Ihre Hartnäckigkeit wurde belohnt. Denn seit ein paar Jahren ist die Geschichte nun in aller Munde. Vor allem taucht sie in dem New-York-Times-Bestseller *The Second Machine Age* auf. Und zwar als Schlüsselerzählung. Die renommierten MIT-Autoren Erik Brynjolfsson und Andrew McAfee bauen nahezu ihre gesamte Argumentation auf dieser Erzählung und auf dem Bild vom Schachbrett auf. Mehr noch: Ray Kurzweils Interpretation dieser Geschichte wird übernommen. Es wird nicht gefragt: Stimmt das Bild? Es wird nur noch gefragt: Sind »wir« schon auf der zweiten Hälfte des Schachbretts oder kurz davor, sie zu erreichen? Und ich kenne einige hochrangige Manager, die sich nach der Lektüre von *The Second Machine Age* die gleiche Frage stellen: Was passiert auf der zweiten Hälfte des Schachbretts? Fürwahr eine Frage von disruptiver Sprengkraft. In doppelter Hinsicht. Stimmt das Bild, dann bekommen wir – je nachdem, wie man es sieht – entweder ein neues, von manchen ersehntes, großes Reich der rasend schnell exponentiell gewachsenen Herrscher des Schachbretts oder es droht das Ende der Menschheit, so wie wir sie kennen. Doch was ist, wenn das Bild nicht oder nur teilweise stimmt?

Sind soziale ENTWICKLUNGEN denkbar, die nicht an GRENZEN stoßen?

Kann man Beobachtungen aus dem Bereich der Computer- und Halbleitertechnik einfach auf soziale Entwicklungen übertragen? Sind soziale Entwicklungen denkbar, die nicht mehr an Grenzen stoßen? Ist die Technologie das Modell der kulturellen Evolution?

Und was erwarten wir von der Industrie 4.0?

Industrie 4.0 ist auch eine Geschichte. Eine deutsche Geschichte. Sie bringt die Sache auf den Punkt – mit einer scheinbar nüchternen Zahl. So wie die 3er-Reihe oder der E 280 oder der MP3-Player. Das ist verlässlich, greifbar und klingt viel präziser als das etwas blumige Internet der Dinge. Bleiben wir lieber auf dem Boden der Tatsachen. Auch die Geschichte passen wir dieser Denkweise an. Denn Industrie 4.0 versucht, eine Geschichte von der Geschichte zu erzählen. Demnach befinden wir uns in der vierten Phase der industriellen Revolution. Immer noch. Und immer noch geht es um die Industrie. Das Herzstück unserer Erfolgsgeschichte, der Schrittmacher unseres Fortschritts.

Aber Industrie 4.0 ist natürlich auch eine Erfindung. Ein griffiges Wort, erfunden 2011 von Wolf-Dieter Lukas aus dem Bundesforschungsministerium, Wolfgang Wahlster, dem Leiter des Deutschen Forschungszentrums für Künstliche Intelligenz, und Henning Kagermann, dem Präsidenten von Acatech. Man braucht ein Label. Und eben eine Geschichte. Das Sympathische daran: Sie ist nicht maßlos. Und sie knüpft an das an, was deutsche Unternehmen, deutsche Ingenieure und Wissenschaftler wirklich gut können, und versucht von dort aus, die Zukunft in den Blick zu bekommen.

»Wir stehen am Beginn einer Revolution, und Deutschland führt sie an«, sagt Detlef Zühlke, Professor am Deutschen Forschungszentrum für Künstliche Intelligenz. »Aber Revolutionen bringen Unsicherheit und das mögen die Menschen nicht. Deshalb müssen wir sie in eine Evolution überführen.« Er meint damit die massiven Veränderungen der Produktion, die unter verschiedenen Begriffen wie »smart factory«, »vernetzte Produktion«, »vierte industrielle Revolution« oder eben einfach »Industrie 4.0« gefasst werden. Flexibel, vernetzt, selbstorganisierend, nutzerorientiert, dazu der Kollege Roboter und das Verständnis von cyberphysikalischen Systemen – das haben wir in vielen Unternehmen schon ganz gut im Griff. Da sind wir weit vorn.

Und gleichzeitig halten wir den Ball flach. Der Begriff »Industrie 4.0« stößt wohl auch deshalb auf so viel Akzeptanz in Wirtschaft und Politik (zumindest in Deutschland), weil dies nach einer schrittweisen Weiterentwicklung des Bestehenden klingt. Damit werden Brücken gebaut zwischen denen, die ganz vorne mit dem Neuen experimentieren, und denen, die weiter weg sind und das nur vom Hörensagen kennen. So wird die Geschichte plausibler, akzeptabler – als Evolution, bei der wir an vorderster Stelle mit dabei sind.

Aber wie weit sind wir mit dem Zusammenführen unterschiedlicher Vorstellungen von zahlreichen einzelnen Forschern, Herstellern, Verbänden? Wer setzt eigentlich die Standards? Wer verfügt über die Hoheit in den Datenräumen, die für Industrie 4.0 relevant werden – dem sogenannten Industrial Data Space? Welche Rolle spielen die globalen Player und ihre Plattformen, insbesondere die großen, weltweiten, die das Geschäft mit Kunden, Bedürfnissen, Daten und ihrer professionellen Analyse und Bearbeitung nun schon eine Weile erproben konnten? Können wir unsere Ideen skalieren – und in welcher Größenordnung? Was ist, wenn in der kalifornischen Geschichte vom märchenhaften exponentiellen Wachstum doch ein Körnchen Wahrheit steckt?

Die Limonade, die überraschend gut schmeckt

Haben Sie schon einmal von »Lemonade« gehört? Ganz bestimmt. Das ist zum einen ein Album der Sängerin Beyoncé, das viele Leute für eines ihrer besten halten. Ein Album voller Zorn und zerstörender Emotion und zugleich ein »audiovisuelles Kunstwerk über die Kraft der Versöhnung«, wie die *Zeit* schrieb. Das ist zum anderen die englische Übersetzung von »Limonade«, kurz Limo genannt, laut Wikipedia »ein alkoholfreies, gesüßtes und meist mit Kohlensäure versetztes Erfrischungsgetränk mit Fruchtauszügen auf Basis von Wasser. Im ursprünglichen Wortsinn ist Limonade ein Getränk aus mit Wasser verdünntem Zitronensaft.«

»Lemonade« ist aber auch ein Versicherungsunternehmen, das in New York 2016 an den Start ging und im gleichen Jahr lizenziert wurde. Ein Start-up, das vom Start weg auf große Resonanz gestoßen ist, weil es innovativ ist und offenbar vieles richtig macht, überraschend einfach macht. Lemonade erklärt dies selbst in schnörkellosen Worten: »Lemonade reverses the traditional insurance model. We treat the premiums you pay as if it's your money, not ours. With Lemonade, everything becomes simple and transparent. We take a flat fee, pay claims super fast, and give back what's left to causes you care about.«

Es wirkt wie ein Musterbeispiel für disruptive digitale Innovationen. Transparenter. Effizienter. Schneller. Einfacher. Ich nenne es *das TESE-Prinzip*. Lemonade beginnt ganz klein und in einem bewusst begrenzten Marktsegment. Das Unternehmen konzentriert sein Angebot zunächst auf Hauseigentümer und Mieter. Die Tarife und Gebühren sind transparent, der Makler entfällt, die Policen sind günstig. Die Leistung ist gebündelt in einer App. Es scheint alles unbürokratisch regeln zu wollen. Es macht einen frischen, unkomplizierten und zugleich seriösen Eindruck. Unterstrichen durch die Reputation eines Wissenschaftlers, des bekannten israelisch-amerikanischen Verhaltensökonomen Dan Ariely.

Schon allein diese Merkmale lassen aufhorchen. Sie werden manche arrivierten Versicherungsvertreter irritieren. Einigen wird es den Schweiß auf die Stirn treiben. Warum braucht es uns noch? Warum braucht es noch die Türme unserer Bürogebäude? Warum braucht es noch eine so große Bürokratie, wie wir sie aufgebaut haben?

Hinzu kommt ein Punkt, den sich Dan Ariely und seine Kollegen wohl überlegt haben: Die erwirtschafteten Überschüsse, so heißt es, sollen gemeinnützigen Organisationen zufließen. Das ist bitter für die gesamte Finanzbranche. Hier ist jemand nicht nur günstiger, sondern auch weniger gierig. Hier schafft jemand Wert für den Kunden – und für die Gesellschaft.

Was bedeutet das langfristig? Kann so etwas Schule machen? Wir wissen es nicht, aber es könnte sein.

Gibt es »no ordinary disruptions«?

Wir haben uns mit einigen Disruptionen im engeren Sinne beschäftigt. Mit dem, was wir mit Innovationen, technologischen Durchbrüchen, neuen Geschäftsmodellen in Verbindung bringen, die wiederum meist mit der Digitalisierung in Zusammenhang gebracht werden. Aber das ist nur eine mögliche Sicht der Dinge.

Man kann sich auch davon lösen, eine andere Perspektive einnehmen und generell die großen gesellschaftlichen Umbrüche dieser Zeit in den Blick nehmen. Drei Direktoren des McKinsey Global Institute haben das gemacht und die Ergebnisse ihrer Studie in einem Buch zusammengefasst. Der Titel dieses u. a. von Eric Schmidt hochgelobten Business-Bestsellers lautet: *No Ordinary Disruption. The Four Global Forces Breaking all the Trends.* Ein mächtiger Titel. Fett gedruckt. Er prägt sich besser ein als die Namen der Autoren: Richard Dobbs, James Manyika, Jonathan Woetzel. Er hat irgendetwas Ehrfurchtgebietendes. Ich bin schon ein paarmal von Managern auf diesen Titel angesprochen worden: Haben Sie das schon gelesen? Ein relevantes Buch! Und in der Tat, es enthält viele interessante Forschungsergebnisse und Einsichten der drei Autoren. Es ist sehr materialreich und gut recherchiert. Dennoch habe ich mich nach der Lektüre gefragt: Was sind eigentlich »no ordinary disruptions«? Gibt es auch »ordinary disruptions«? Und sind die vier Entwicklungen, von denen die Autoren sprechen, mit dem Begriff »Disruption« richtig gekennzeichnet? Sie meinen die Urbanisation, den beschleunigten technologischen Wandel, den demografischen Wandel und die stärker werdende globale Vernetzung. Das sind ja zweifellos mächtige gesellschaftliche Entwicklungen, von denen wir auch schon vor der Lektüre gehört haben. Sicherlich bergen sie auch in mancherlei Hinsicht disruptives Potenzial. Aber ist das nicht alles eine Nummer zu groß und zu allgemein?

Vor allem schwingt bereits im Titel ein lauter Ton mit, der im Text noch lauter anschwillt: »Wir wissen es!« Wir wissen, was passieren wird. Wir wissen, welche Trends es gibt und welche gebrochen werden. Wir wissen, wo es langgeht. Du musst nur unseren Recherchen vertrauen und unsere Beratungsleistungen einkaufen, dann weißt du, was kommen wird, und du wirst fit für den Wandel. Und es geht, auch wenn es mal ein wenig rumpelt, immer nach oben. Störende Widersprüche haben wir aus unseren Modellen eliminiert. »As a result, the new world will be richer, more urbanized, more skilled, and healthier than the one it replaces. Its population will have access to powerful innovations that could address long-standing-challenges, and present opportunities for a global entrepreneurial class.« Ah ja. Man fragt sich nur: Wieso sprechen sie eigentlich von »disruptiven« Entwicklungen, wenn sie alles schon vorher wissen? Das ist die alte Berater-Denke des vorigen Jahrhunderts. Die »Disruptions« sind nur des Beraters neue Kleider. Er würde nie zugeben, dass er nichts weiß. Damit aber kann er nicht anders, als die Essenz von Disruptionen zu verfehlen. Denn zur Essenz gehört: der Bruch unseres Wissens. Also das Nichtwissen im Wissen.

Was Arthur Miller mit den deutschen Sparkassen zu tun hat

Der Dramatiker Arthur Miller wusste, was es heißt, wenn unvorhergesehene Ereignisse die Normalität und das Leben disruptiv verändern: *Der Tod eines Handlungsreisenden* – das ist der Einbruch des Nichtgeplanten in den Alltag des normal Tüchtigen, Nicht-genug-Tüchtigen, der an das Versprechen des amerikanischen Traums geglaubt hat: »Jeder kann es schaffen.« Es lohnt sich, dieses Stück aus dem Jahre 1949 erneut zu lesen, denn es handelt von uns und es spielt heute. Nicht nur in den USA.

Die deutschen Sparkassen gehören wie die Volksbanken zu den wenigen Geldinstituten, die unbescholten aus der Finanzkrise hervorgegangen sind. Ihr Geschäftsmodell beruht nicht auf Spekulation, sondern auf den soliden Einlagen der Sparer bzw. auf der ebenso soliden Vergabe von Krediten an die normal Tüchtigen, die kleinen Leute, wie man so sagt, Arbeiter, Angestellte, Selbstständige, Gewerbetreibende, kleine und mittelständische Unternehmer. Doch seit einiger Zeit ist dieses Geschäftsmodell unter Druck geraten. Weniger durch die neuen Finanzdienstleister der IT-Branche, die Fintechs, PayPals & Co., als von ganz anderer Seite. Nämlich durch die Niedrigzinspolitik der Europäischen Zentralbank und die Ankündigung von Mario Draghi, die Niedrigzinspolitik über Jahre hinweg beizubehalten. Ihre Funktionäre betonen zwar, die (noch) 400 deutschen Sparkassen stünden immer noch besser da als die großen Häuser wie die Deutsche Bank oder die Commerzbank, ganz zu schweigen von der Monte dei Paschi di Siena oder anderen in Schieflage geratenen italienischen Banken. Das Geschäft ist nach wie vor profitabel. Aber auf ihren Konferenzen und vor allem intern grummelt es. Höher verzinste Anlagen und Kredite laufen allmählich aus. Man hat sich auf rückläufige Gewinne eingestellt, es werden Stellen gestrichen und Filialen geschlossen. Die Kollegen aus der Versicherungsbranche, die in der Sparte der Lebensversicherung arbeiten, kennen das. Die Stimmung geht auch dort nach unten. Manche haben den Eindruck gewonnen, dass wir uns in eine fast ausweglose Dilemmasituation manövriert haben: Viele Interventionen, die in den vergangenen Jahren unternommen wurden, um die Krise kurzfristig zu beheben, wirken langfristig eher krisenverschärfend. Die verabreichte Medizin wirkt – aber für manche als schleichendes, möglicherweise tödliches Gift: für Institute und Institutionen, die auf das Sparen gebaut haben. Für viele Sparer, die darauf vertraut haben, dass dies funktioniert. Oder für viele kleine Stiftungen, die etwas für die Zukunft tun wollten. Für Menschen, die privat für das Alter vorsorgen wollten – und für die, die das garantieren wollten, für die modernen Handlungsreisenden in Deutschland und ihren Traum: Du kannst es schaffen.

Welches Wachstum?

Wer so aus der Vorsorge in die Sorge gerät und sich dabei zu informieren versucht, wie es weitergeht, wurde in den letzten Jahren nicht unbedingt fröhlicher. Eines Tages las er die Meldung: Nun ist die Rendite zehnjähriger Bundesanleihen erstmals unter die Nullmarke gerutscht. Wer dem anderen – in diesem Falle dem Staat – Geld leiht, muss also dafür bezahlen. Und der Staat kassiert dafür, dass er sich Geld leiht. War es das, was die Schlauen unter den Politikern unter ökonomischen Grundkenntnissen verstanden hatten? Es war klar, dass diese Niedrigzinsperiode irgendwann zu Ende gehen würde, zumal die amerikanische Notenbank ihren Kurs bereits geändert hatte. Aber wie geht es dann weiter? Nun will man es wissen. Von den Experten. Sie lesen weiter und immer mehr und erfahren, dass sich die angesehensten Ökonomen und Chefvolkswirte völlig uneins sind – nicht nur darüber, was am besten zu tun wäre, sondern schon bei der Analyse der Lage.

Sind die Annahmen und Modelle der Notenbanken dafür verantwortlich, dass die niedrigen Zinsen so lange so niedrig waren? Oder liegt die Ursache tiefer: Befindet sich die Weltwirtschaft in einer Phase »säkularer Stagnation«, wie es Larry Summers, der ehemalige Präsident der Harvard University, nicht müde wird zu behaupten? Leben wir also trotz Google & Co. gar nicht in einer Zeit der großen Erfindungen, die uns Wachstum und neuen Wohlstand bringen könnte? Ist das kalifornische Modell des Wachstums möglicherweise eine Illusion – jedenfalls außerhalb des Einflussbereiches der Technologiekonzerne? Oder stehen wir gerade kurz vor einer anhaltenden wirtschaftlichen Erholung mit einem neuen langen Wirtschaftszyklus, der durch technologische und soziale Innovationen geprägt sein wird? Vielleicht ist aber auch der Ansatz von Mario Draghi und anderen Notenbankchefs, die ja an der Ostküste, am MIT ihre ökonomische Grundausbildung genossen haben, eine Illusion? »Wir können nur beten«, dass er es nicht ist, meint Otmar Issing, der langjährige Chefvolkswirt der EZB in einem Interview im Sommer 2016. »Sonst wird irgendwann mit einem großen Knall die nächste Blase platzen.«

Manche Akteure aus dem Reich der Mitte beobachten die Entwicklung mit besonderem Interesse und langfristigem strategischen Kalkül. Schon bisher haben sie es verstanden, die Kalifornier hinter der chinesischen Mauer nicht allzu stark werden zu lassen. Uber musste schon klein beigeben und sein Geschäft an Didi Chuxing übergeben. Google und anderen ging es nicht viel besser. In China versteht man es zu warten. Doch vielleicht wartet gerade dort die nächste große Blase?

Was tun die Anleger? Früher hätten sie in unsicheren Zeiten auf Gold gesetzt. Jetzt flüchten viele in den Bitcoin, eine Währung, die nur im Internet existiert. Das galt eine Zeit lang insbesondere für Anleger aus China. Und vor allem für Anleger aus der Generation Y. Die Bitcoins werden zunehmend als Alternative zu Gold verstanden. 2016 stieg der Wert des Bitcoin vorübergehend um 120 Prozent. Ein fulminantes exponentielles Wachstum. Sind Bits sicherer als Atome?

Warum sich manche Konzerne fragen, was ihr Geschäftsmodell ist

Gibt es nicht doch ein paar Sachen, an denen man sich festhalten kann? Vielleicht ein paar Unternehmen und Anlagen, auf die Verlass ist? Bis vor ein paar Jahren hätte man gesagt: die deutsche Automobilindustrie. Volkswagen vor allem. Das erschien doch wie eine Bank. Dann nicht mehr. Oder doch wieder?

Und die anderen deutschen Automobilfirmen? Sollen sie noch auf den Selbstzünder setzen? Wie stark soll man Fahrzeuge mit Elektroantrieb subventionieren? Wann wird sich das autonome Fahren durchsetzen? Mit welchem Konzept, mit welchem strategischen Design? Mit welchen Business-Modellen? Wie kann man überhaupt heute entscheiden, was in drei, vier oder fünf Jahren auf den Markt kommt? Wer weiß, was in der Zwischenzeit passiert und was die Kunden dann wollen? Ein Vorstandsmitglied einer der führenden deutschen Automobilfirmen erzählte mir, dass es für viele Manager ganz schwierig sei, das Nichtwissen auszuhalten. Dabei ahnen alle, dass sich die Automobilindustrie im vermutlich »größten Umbruch ihrer Geschichte« befinden könnte, wie es Dr. Karl-Thomas Neumann, bis 2017 CEO der Adam Opel AG, formulierte: »Es wird sich in den kommenden 5 Jahren mehr verändern als in den letzten 50 Jahren.«

Oder denken Sie an die stolzen deutschen Energieriesen, zum Beispiel an RWE. Als Jürgen Großmann Chef wurde, erfüllte sich für ihn ein Traum. Er wollte »vorweggehen«. Und dann kam der allmähliche Niedergang. Von März 2011, als es in Fukushima zur Nuklearkatastrophe kam, bis zum Sommer 2016, also in nur fünf Jahren, verlor RWE 70 Prozent des Marktwertes. Die Kohle- und Atomkraftwerke, mit denen der Konzern einst sehr viel Geld verdient hatte, waren nur noch eine Belastung. 2015 hat RWE dafür zwei Milliarden abgeschrieben. Die Frage schien: Kann Peter Terium die drohende Insolvenz noch einmal abwenden? Sie wäre nicht nur die größte Firmenpleite in der deutschen Wirtschaftsgeschichte, sondern auch die für alle sichtbarste Disruption in der deutschen Unternehmenslandschaft. Eine Insolvenz gab es nicht, eine Disruption schon. Jedenfalls wenn man »Disruption« mit Clayton Christensen als Prozess versteht.

Die gegenwärtige TRANSFORMATION ist auch eine ökologische

Und diese schleichende Disruption hatte zunächst gar nichts mit der Digitalisierung oder mit neuen Angreifern aus der Start-up-Szene zu tun. Sie war vielmehr das Ergebnis verschiedener Einflussfaktoren, insbesondere von Fukushima und der Wende der Kanzlerin in der Energiepolitik. Doch dann kam der Börsengang von Innogy, der Ökostromtochter von RWE. Fünf Milliarden Euro wurden in die Kasse gespült. Das kam wiederum für die meisten völlig überraschend. Plötzlich war Innogy der am höchsten bewertete Energiekonzern in Deutschland. Und spätestens hier merken wir, dass die gegenwärtige Transformation nicht nur eine digitale ist. Sondern ganz sicher auch eine ökologische. Diese mag für ein paar Jahre nicht so im Vordergrund stehen. Aber sie ist historisch von nicht minderer Bedeutung.

Die neuen Geschäftsmodelle, neuen Produkte und Services werden selbstverständlich digital und vernetzt sein müssen. Aber ebenso nachhaltig, zumindest vom Anspruch her. Und sie werden sich konkret durchsetzen müssen in einem komplexen, kaum überschaubaren Umfeld. Sie haben mit einem Wust von Normen und gesetzlichen Vorschriften zu kämpfen – und mit einem diffusen Verbraucherverhalten. Denn viele Verbraucher sind weit weniger an Energiethemen interessiert, als man es hätte vermuten können. Disruption wird hier zu einem sehr, sehr mühsamen Marathonlauf mit Hindernissen. Manchen wird die Puste ausgehen auf den letzten Metern.

Man muss viele Dinge durchdacht haben, grenzüberschreitend, crosssektoral. Und dann muss man ganz einfach sein, überraschend einfach sein. Und manchmal stellt sich dabei heraus, dass es für den Kunden vordringlich weder um Energie noch um Digitales geht, sondern vor allem um Transparenz, Service, Freundlichkeit, Nachbarschaft, um Erleichterungen im Alltag. Wenn das mit einer dezentralen, weitgehend autarken Energieversorgung einhergeht – die zudem noch von der möglicherweise bahnbrechenden digitalen Blockchain-Technologie profitiert wie das experimentelle New Yorker »Nachbarschaftsnetz« oder ein Pilotprojekt des Batterieherstellers Sonnen und des Netzbetreibers Tennet –, umso besser. Und die alten Energieversorger, die sich längst mit jungen kreativen Problemlösern verbunden haben, stellen plötzlich fest, dass ihr künftiges Geschäftsmodell nicht nur anders aussieht als ihr altes. Sondern auch ganz anders als das, was sich ihre Strategen ausgedacht haben, die früher als Juniorberater im Grandhotel Kitzbühel bei einer McKinsey-Schulung gelernt hatten, »wie die Wirtschaft wirklich funktioniert«.

War der Brexit eine Disruption?

Es habe sich angefühlt wie bei 9/11, berichteten englische Freunde, die in den Stunden nach Schließung der Wahllokale die Wahlergebnisse am Bildschirm verfolgten. Man mag den Vergleich für unangemessen halten, doch für viele Briten war das Votum vom 23. Juni 2016 ein Schock – ein politisches Erdbeben mit nicht absehbaren ökonomischen Folgen. Dabei hatten nicht einmal die Befürworter des Brexit wirklich damit gerechnet, wie man an der Reaktion von Boris Johnson sehen konnte. Selbst die professionellen Wettbüros hatten noch Tage zuvor dem Austritt Großbritanniens nur eine Chance von 25 Prozent eingeräumt.

Einen Monat zuvor hatte der britische Historiker Niall Ferguson auf einer Google-Konferenz mit dem Titel »Zeitgeist« im Grove-Hotel in der Nähe von London vor der unterschätzten Gefahr des Populismus gewarnt. Unterschätzt vor allem in der kreativen Klasse, in den zeitgeistaffinen Unternehmer- und Hightech-Kreisen. Dabei sei in den vergangenen Jahren im Westen ein wachsendes Unbehagen an der Globalisierung entstanden. »Doch Leute wie wir kapieren das nicht«, so Ferguson in seiner Lecture »on the fatal recipe for populism and the lessons for our time«. Es sei Zeit für die Menschen auf der Gewinnerseite, »sich in die Stimmung von Leuten zu versetzen, die nicht so sind wie sie«. Das war sechs Monate vor der Wahl in den USA.

Doch was ist nun der Erfolg der Brexit-Befürworter? Was bedeutet der Sieg von Donald Trump? Was die österreichische Bundespräsidentenwahl? Was zählen die Stimmenzuwächse der AFD? Wo tauchen diese Zahlen und Fakten im Management-Diskurs auf? Oder in den Erfolgsratgebern für angehende Entrepreneure? Wo steht davon etwas in den Drehbüchern der Disrupt-or-be-disrupted-Events der digitalen Evangelisten? Warum wird das so unbeirrbar ausgeklammert?

Es ist schon auffallend, dass diejenigen, die am häufigsten das Wort »Disruption« im Munde führen, meist sehr wenig über die möglichen sozialen Verwerfungen zu sagen wissen, die zu dieser Umbruchszeit gehören wie die Tränen der Verlierer zu einem Wettkampf, der den Teilnehmern alles abverlangt. Sie werden sehr still, wenn von Verlusten die Rede ist. Doch ihr Schweigen ist unüberhörbar.

Ich kann sie gut verstehen. Denn für dieses Schweigen gibt es verschiedene Gründe. Zunächst: Wer an etwas glaubt und dafür eine These aufgestellt hat, die seine Zuhörer oder Leser auch glauben sollen, möchte ungern über Gegensätzliches reden. Wer als Redner oder Berater seine Kunden oder Seminarteilnehmer positiv einstimmen und motivieren will, wird ungern ein Negativszenario ausmalen wollen – oder allenfalls als dramaturgischen Kniff zum Einstieg. Am Ende muss die Zukunft positiv aussehen, alles andere wäre kontraproduktiv.

Wer zudem ein grundsätzlich optimistisches, ausschließlich von »Technology« getriebenes Weltbild hat und Kritik für ein Relikt alteuropäischen, pessimistischen Denkens hält, wird alles tun, um das Negative vom Positiven fernzuhalten. Das hat in unseren Kreisen der Gewinner nichts zu suchen. Meint man.

Doch dann treten plötzlich Männer wie Boris Johnson in die Arena. Sich selbst eher zu den Gewinnern zählend, schon in den Tagen, als er mit David Cameron zusammen in Oxford brillierte, hat er ein Gespür für das Umkippen von Massenstimmungen. Also für die Verlierer. Darauf setzt er – natürlich mit positiver Rhetorik. Dann kommt es tatsächlich so, dass die Verlierer gewinnen. Zumindest bei dieser Wahl. Und dann kommt wieder alles durcheinander. Deutlich wird hier: Wer von Disruptionen redet, sollte von Widersprüchen nicht schweigen. Oder wie Gabor Steingart es formuliert: »Niemand denkt derzeit so disruptiv wie das Volk.« Donald Trump hat das alles noch einmal gesteigert, verstärkt, in der Tonalität auf ein bislang unbekanntes Niveau gesenkt. Eine Vulgär-Disruption gegen die Arrivierten, die sich ihrer Sache so sicher waren.

Der Brexit und der Erfolg von Trump sind natürlich alles andere als disruptive Innovationen oder technologische Durchbrüche. Sie sind auch keine gesellschaftlichen Umwälzungen. Sie durchbrechen diese Kategorien und Zuordnungen. Es sind eher Re-Aktionen auf eine vorauseilende, von vielen nicht mehr verstandene digitale Transformation. Es sind politische Brüche – mit Auswirkungen auf die Wirtschaft, auf die Geschäftsbedingungen vieler Unternehmen. Und mit völlig offenem Ausgang. Sie werden von einigen als Signal verstanden werden: Da geht noch mehr, wenn man geschickt populistisch agiert. Das könnte den ordnungspolitischen Rahmen verändern, das Gefüge der Demokratie und ihre Institutionen.

Manche sehen das heiter: Quentin Letts von der *Daily Mail* zum Beispiel: »Es kann natürlich sehr gut sein, dass das totale Chaos ausbricht. Es ist ein Puzzle, das unmöglich zusammenzusetzen ist. Es weiß ja nicht einmal jemand, wie das Puzzle aussieht.«

Disruptive Trump

Verschärfter internationaler Steuerwettbewerb, gestörte Handelsbeziehungen, verstörte Handels- und Bündnispartner, verärgerte und verletzte politische Gegner, überhaupt immer wieder Störungen der Beziehungen, Spannungen zwischen den Staaten und Kulturen – das ist eigentlich genau das, was Donald Trump angekündigt hat. Es entspricht dem, was er in den von ihm so geschätzten Mixed Martial Arts gelernt hat: Wir kämpfen, um zu siegen. Mit allen Mitteln. Der andere wird irgendwann einknicken. »Das macht ein großer Staat, und die anderen werden wie Dominosteine umfallen«, sollen die Ökonomen Michael Devereux (Oxford) und Alan Auerbach (Berkeley) gesagt haben, die den steuerpolitischen Ansatz von Trump & Co. wesentlich mit entwickelt haben. America first. Unbedingt. Und wenn sich das hochschaukelt? Wir wissen nicht, was dann passiert. Wir wissen auch nicht, ob Trump vorher stolpert, zumal sich längst eine überaus kreative – auch wiederum so nicht erwartete – Bewegung von Verteidigern und Erneuerern der Demokratie gebildet hat. National und global. Die Bewegung »En Marche!« von Emmanuel Macron hat im französischen Wahlkampf gezeigt, dass dies möglich ist. Zumindest vorübergehend.

Nüchtern betrachtet war der Aufstieg von Trump eine disruptive Entwicklung in der politischen Arena. Er wäre es auch ohne den martialischen Kampfsport. Als Trump antrat, wurde er von den meisten nicht ernst genommen. Die arrivierten Machtinhaber aller Lager haben seine Bewegung zwar bemerkt, aber ihre Durchschlagskraft unterschätzt. Vor allem haben sie unterschätzt, wie er mit seinen Emotionen und wenigen simplen Botschaften Stimmungen, man könnte auch sagen: Kundenbedürfnisse, zum Ausdruck bringen konnte. Und zwar Grundbedürfnisse: soziale Bedürfnisse und Sicherheitsbedürfnisse, die von den Arrivierten nicht mehr richtig wahrgenommen wurden.

Seine Kritiker und Kommentatoren haben immer wieder darauf hingewiesen, dass sich Trump in seinen Auftritten häufig widerspricht. So lasen wir zum Beispiel nach Trumps erster außenpolitischer Rede in der *Süddeutschen*: »Obwohl Trump (diesmal) vom Teleprompter abliest, folgt Widerspruch auf Widerspruch – das macht alles noch verstörender.« Doch dieses Sichwidersprechen ist nur folgerichtig: Trump folgt instinkt- und reflexartig den Massenstimmungen, die sich angesichts der realen gesellschaftlichen und politischen Widersprüche in einem Teil der Bevölkerung aufgestaut haben.

Wo die etablierte Politik die Widersprüche glättet oder schönredet (Widersprüche sind irgendwie unschön), zerrt der Populist sie an die Oberfläche und springt ohne Gewissensbisse von einem zum anderen Erregungszustand. Hauptsache, man trifft einen Nerv, kann die Wut steigern und den Unmut so umlenken, dass man selbst als Retter erscheint. Es hat sich ja auch noch niemand bei einem Stammtisch darüber beschwert, dass hier widersprüchliches Zeug verzapft wird.

Der Populismus ist die nicht reflektierte, vielmehr affektive Behandlung von Widersprüchen, vor allem von sozialen Widersprüchen. Er zieht seine Energie daraus, dass die Partei der Etablierten um Widersprüche nur allzu gern einen großen Bogen macht. Doch wer sich nicht mit Widersprüchen beschäftigt, kommt darin um.

POPULISMUS ist die von **A f f e k t e n** **b e s t i m m t e** Behandlung von **WIDERSPRÜCHEN**

Das ist die bittere Erkenntnis von Disruptive Thinking. Man kann sie leicht nachvollziehen, wenn man die Kategorien von Clayton M. Christensen und anderen nicht nur als Metaphern nimmt. Es geht um Kampf. Wörtlich verstanden. Kampf ist ein unbeugsamer oder gar gewaltsam ausgetragener Widerspruch mit dem Anspruch, der eigenen Partei zum Sieg zu verhelfen. Ob im Silicon Valley, in Washington oder in Peking. Der Verlauf dieses Kampfes hat nur selten etwas mit den Win-win-Situationen zu tun, die wir so gerne in Führungsseminaren als magische Glücksbringer beschwören. Vielmehr ähnelt er dem, was in den Kampfsportarten praktiziert wird. Einer ist der Sieger, der andere geht geprügelt nach Hause. Zum Glück gibt es für diesen Kampf normalerweise Regeln. Der Populismus missachtet diese Regeln. Er praktiziert Mixed Martial Arts. Er macht das, was in der Erfolgsserie *House of Cards* die Erfolgreichen praktizieren. Nur macht er es offener. Er macht es öffentlich, und zwar mit der Geste: Ich vertrete die Interessen des einfachen Volkes. Das gelingt ihm deshalb so gut, weil die Platzhirsche lange so getan haben, als liefe hier alles glatt, als gäbe es keine Widersprüche und als wäre ihr Revier die beste aller Welten.

Macron hat dies alles offenbar gut studiert. Er hat Philosophie und Kampfsport betrieben. Er hat europäischen Widerspruchsgeist. Er hat demonstriert, dass es möglich ist, den populistischen Angreifer nicht nur abzuwehren, sondern die Energie des Angriffs umzulenken und für die eigene Vorwärtsbewegung zu nutzen. Vorausgesetzt, dass es gelingt, den Wunsch nach Veränderung mit dem Bedürfnis nach dem Bewahren (und mit dem Bedürfnis nach Sicherheit) glaubwürdig und auf intelligente Weise zu verbinden. Was wir seit 2016 in Frankreich beobachten konnten, war eigentlich wie aus dem Lehrbuch über Disruptionen. Das erste Kapitel heißt: Sich in die Position des Angreifers versetzen und ihm zuvorkommen. Das zweite lautet: Niemand kann vorhersehen, wie sich diese Bewegung entwickelt. Macron nennt diese Bewegung »Revolution«. Ein wenig Übertreibung gehört anscheinend auch im politischen Geschäft dazu.

Weiter sehen

Manche werden an dieser Stelle einwenden: Das geht uns zu weit. Wir wollen Disruptionen enger fassen und auf das ökonomische Geschehen beschränken. Ich kann diesen Einwand gut verstehen. Aber ich teile ihn nicht. Wer von Disruptionen spricht, sollte die Bedeutung dieses Wortes nicht auf das Gebiet eingrenzen, das ihm in der akademischen Disziplin meist zugewiesen wurde. Die Realität hält sich nicht an diese Grenzen. Und sie hält sich nicht an abstrakte Modelle. Oder um mit Schopenhauer zu reden: Eine Theorie, in der man zwischen den Zeilen nicht das Heulen und Zähneklappern hört, ist keine gute Theorie.

Auch Christensen, der in seinen Artikeln gelegentlich recht akademisch argumentiert, durchbricht in freier Rede diese Grenzen. In einem Gespräch auf dem 8. Peter-Drucker-Forum in Wien erzählte er von einem Workshop, den er im amerikanischen Verteidigungsministerium in einem Kreis hochrangiger Politiker und Militärs abgehalten habe. Manche der Teilnehmer hätten mit seinem Konzept der disruptiven Innovation nicht viel anfangen können. Doch einer, Secretary William S. Cohen, habe es verstanden und sofort aufgegriffen. Er sei aufgestanden und habe eine Kurve gezeichnet: Der internationale Terrorismus sei ein typisches Beispiel für eine disruptive Bewegung. Um sich gegen diese Angreifer zu verteidigen, müsse man sich in sie hineinversetzen und ihre möglichen Angriffe simulieren, um daraus zu lernen, so der anerkennende Bericht Christensens, der in seiner Wiener Rede selbstverständlich vom ökonomischen Gebiet auf das politische Feld wechselte und wieder zurück.

Es war Joseph Schumpeter, der in seiner Theorie der »schöpferischen Zerstörung« bereits auf die große Bedeutung außerökonomischer Zusammenhänge für die Entwicklung des Ökonomischen hingewiesen hat. Es wird Zeit, dass sich Ökonomen – auf neue Weise – wieder mit diesen Zusammenhängen beschäftigen. Auch deshalb, weil die Googles und Facebooks mit ihren Moonshots ja selbst in Bereiche jenseits des Ökonomischen im herkömmlichen Sinne vordringen. Das Internet selbst, die sozialen Medien, das Projekt »smart city«, das selbstfahrende Auto, die neuen kalifornischen Universitäten und andere digitale Education-Initiativen, das neue datengetriebene Verständnis von Gesundheit und Krankheit, die neuen exponentiellen Wachstumsmodelle etc. – das sind alles transökonomische Projekte. Projekte, die längst die kulturelle Sphäre erobert haben und in den politischen Raum eingedrungen sind. Bestärkt durch die wiederholt geäußerten Auffassungen ihrer Vordenker Peter Thiel, Eric Schmidt, Travis Kalanick et al., dass der herkömmliche Politikbetrieb und die staatlichen Institutionen eigentlich eher lästige Im-Weg-Steher sind, die es nach Möglichkeit zu umgehen gilt. Gehört das nicht auch zum Thema Disruption?

Perspektivenwechsel: historisch und wörtlich genommen

Mancher ehrbare Bürger von Florenz fand es allmählich lästig: schon wieder der mit seinen Geräten. Seit Jahren tauchte er immer wieder vor dem Baptisterium auf, hantierte mit seiner seltsamen Spiegelkonstruktion herum und störte die sonntäglichen Spaziergänger. Er, das war der Goldschmied und Bildhauer Filippo Brunelleschi, der zwischen 1400 und 1416 auf experimentellem Wege versuchte, das Sehen zu verstehen, und der dabei unser Verständnis vom Sehen revolutionierte. Die durch seine Experimente maßgeblich geprägte und vorangetriebene Erfindung der Zentralperspektive steht am Beginn der Neuzeit. Eine kreative, künstlerische Innovation wird zum »Game Changer«, wie man heute so schön sagt – sie wirkt als disruptive Innovation im Bereich der Wirtschaft, beginnend bei den Architekten und Gartenarchitekten, dem Baugewerbe und den Handwerkern und von dort aus sich weiter ausbreitend. Sie sollte in den kommenden Jahrzehnten und Jahrhunderten nahezu alle Disziplinen und Bereiche der modernen Gesellschaft durchdringen, wie Michael Hutter in seiner Studie *Ernste Spiele* herausgearbeitet hat.

Und heute? Vielleicht stehen wir wieder vor einem historischen Perspektivenwechsel? Einer neuen Phase der Revolutionierung unseres Sehens und unseres Weltverständnisses – oder hat diese längst begonnen? Die Neuerfindung der dritten Dimension? Google Glass deutete ja schon einmal an, dass der Mensch sein Blickfeld in neuartiger Weise erweitern könnte. »Thanks for exploring with us. The journey doesn't end here«, verabschiedete sich

Google von seinen Glass-Usern – um im gleichen Atemzug auf die vielfältigen Anwendungsmöglichkeiten von »Glass at Work« hinzuweisen. BMW war eines der ersten deutschen Automobilunternehmen, die den Einsatz der Google-Gläser in der Fertigung getestet haben. Inzwischen ist die Datenbrille in vielen Unternehmen schon fast zur Normalität geworden. Deutsche-Post-Chef Frank Appel möchte auch seine Briefträger mit Datenbrillen ausstatten; Mitarbeiter in Lagern und Distributionszentren arbeiten bereits damit. Augmented Reality (AR) und Virtual Reality (VR) gelten als »smart assistance« im industriellen Einsatz. Ob in der Produktionsentwicklung und -planung, im Training, im Qualitätsmanagement, für Wartung und Reparatur oder für Marketing, Vertrieb und Messe. Der Weg schein vorgezeichnet: »to connect the AR and VR in order to leverage the power of third dimension«, wie es Mohammad Mehdi Moniri vom Deutschen Forschungszentrum für Künstliche Intelligenz in Saarbrücken ausdrückt.

Nun verstehen wir vielleicht, warum Mark Zuckerberg im Februar 2016 in Berlin Station machte und für die Virtual-Reality-Brille »Gear VR« Werbung machte. Und alle haben sie sich aufgesetzt: Friede Springer, Mathias Döpfner, Martin Schulz. Es sah sehr komisch aus. Zuckerberg zeigte sich amüsiert. Er war ja auch gerade für sein soziales Engagement ausgezeichnet worden. Das sind die ernsten Strategiespiele von heute. Sie verbinden sich gut mit den scheinbar weniger ernsten: War der für alle überraschende Erfolg von Pokémon Go schon eine Disruption? Oder nur der Vorläufer einer viel größeren?

Können wir uns vorstellen, was sich alles ändert, wenn wir uns daran gewöhnen, ständig in eine neue dritte Dimension einzutauchen? Eine Dimension, die zudem mit allen Daten ausgestattet ist, die wir – bzw. die Plattformbetreiber – sich nur wünschen? Die hinterlegt ist durch eine künstliche Intelligenz, die gelernt hat, Bilder in einer Weise zu verarbeiten, zu analysieren, zu interpretieren und zu verändern, dass es einem beinahe schwindlig werden kann? Werden die Maschinen zu Spielzeugen? Oder wird die künstliche Intelligenz selbst zu einer neuen Dimension? Wie gehen wir um mit dieser Verwandlung der Welt? Sind wir überhaupt selbst in der Lage, Abschied von unserer alten Zentralperspektive zu nehmen? Und obendrein mehrdimensional zu denken? Oder überlassen wir dies unseren neuen smarten Geräten?

Design und Spiele

Was ist es, das die Strategen der großen, herausragenden kalifornischen Tech-Companies besser können? Was ist ihr Geheimnis? Ich habe mich das oft gefragt. Ist es ihr selbstverständlicher Umgang mit den digitalen Technologien, also ihre Technologiekompetenz? Sicher, da sind sie exzellent. Aber es gibt auch deutsche, japanische, chinesische, indische oder koreanische Firmen, die das hervorragend beherrschen. Ist es ihre professionelle Einstellung und Siegermentalität? Zweifellos spielt das eine große Rolle. Aber auch da müssen sich andere nicht verstecken. Der Wettbewerb ist international und global wie der Hochleistungssport. Ist es ihre Fähigkeit, vernetzt zu denken und die Welt der Netze und die dynamische Logik der Plattformen zu verstehen? Ja, hier haben sie sicher historisch bedingt einen Vorsprung. Ich werde darauf später noch genauer eingehen.

Doch dann gibt es einen anderen Punkt, der mir mindestens so wichtig zu sein scheint wie die eben genannten – gerade im Hinblick auf viele disruptive Entwicklungen der vergangenen Jahre in der Wirtschaft: Sie verstehen etwas von Design und sie verstehen etwas von Spielen. Dieses erweiterte Verständnis der Realität prägt ihre Strategien, ihre Produkte, ihre Geschäftsmodelle. Vor allem prägt es ihre Mentalität. Und beides hat mehr mit der Seite der kreativen Revolution als mit der Seite der digitalen Transformation zu tun. Spielerisch herangehen heißt, nicht zu wissen, wie das Spiel ausgeht, und gerade deshalb alles daranzusetzen, es zu gewinnen. Dabei scheitern dürfen, können, ja müssen. Und dann wieder aufstehen. Spielerisch herangehen heißt auch, einmal die Rollen zu wechseln, sich in den Angreifer hineinzuversetzen oder in den Verteidiger, vielleicht auch beide Rollen selbst spielen zu können. Und bei allem tatsächlich spielen können, im Rhythmus bleiben, den »Swing« im Blut haben. Und natürlich strategisch möglichst viele Spielzüge vorausdenken. Ich nenne dies »augmented creativity«. Das gehört zum Disruptive Thinking.

Die Kategorie des Designs bringt eine weitere Dimension ins strategische Spiel: Die Form wird als Teil der Funktionalität einer Sache betrachtet. Die Gestalt, die Haptik, das sinnliche und das ästhetische Moment gehören von Anfang an konzeptionell mit dazu. Es sind nicht bloß äußerliche Zutaten, für die man nach getaner Arbeit Verpackungskünstler anheuert. Sie werden vielmehr von Anfang an in den Prozessen mitgedacht. Man will nicht nur richtige Lösungen finden, sondern elegante Lösungen. Daran arbeiten sie alle, Google, Amazon, Facebook, Uber & Co. An Lösungen, die es dem anderen in einer komplexen Welt leichter, bequemer, einfacher machen, die ihm vielleicht auch mehr Freude schenken.

Unbestrittener, leidenschaftlicher Vorreiter auf diesem Gebiet war Steve Jobs. Wenn es eine strategische Idee von ihm gab, die man als genial bezeichnen könnte, dann war es diese: Engineering und Design zusammenzubringen. Und zwar mit dem Ziel, durch diese Kombination unterschiedlicher Disziplinen den Computer in ein so noch nie gesehenes Produkt zu verwandeln, das hochkomplex ist und zugleich ganz einfach, spielerisch, kinderleicht zu bedienen. Sein ganzes Leben, nicht nur seine Zeit als umstrittener Chef bei Apple, hat er dieser Idee geweiht. Das war disruptiv. Und in dieser Kunst wurde er immer besser: iPod, iPhone, iPad, die Erfindung der App-Stores, einer eigenen Plattform für die Apps etc. Das waren Disruptionen, die neue Märkte, neue Sichtweisen, neue Verhaltensweisen schufen. Weil sie einfacher waren und zugleich mehr boten. Less, but better. Einfach, aber besser.

> Jobs' GENIALE Idee: Engineering und Design ZUSAMMENBRINGEN

An dieser Stelle könnte man zu bedenken geben: Das stammt aber nicht von ihm. Das ist vom deutschen Architekten und Industriedesigner Dieter Rams, der viele Jahre die Produkte und die Philosophie der Firma Braun geprägt hat. Ja, das ist richtig. Steve Jobs und sein Chefdesigner Jonathan Ive waren Fans von Dieter Rams. Das sieht man noch heute, wenn man einige Produkte der beiden Firmen nebeneinanderlegt. Diese formale Ähnlichkeit ist kein Zufall.

Steve Jobs ist als Kind in einem Haus und in einer Siedlung aufgewachsen, die der visionäre Architekt und Immobilienentwickler Joseph Eichler gebaut hatte. Ein Amerikaner mit europäischen Wurzeln, der von den Architekten Franklin Lloyd Wright und Ludwig Mies van der Rohe – und damit auch von den Ideen des deutschen Werkbundes und Bauhauses – inspiriert war. (Übrigens geht der Begriff »deutsche Wertarbeit« auf den Werkbund zurück.) Steve Jobs hat immer wieder betont, wie sehr ihn das elterliche Haus und die ganze Bauweise fasziniert und geprägt haben. »Eichler hat seine Sache gut gemacht. Seine Häuser waren elegant, billig und gut. Ihr

Design war klar und einfach und sie waren auch für niedrige Einkommen erschwinglich«, erzählte er seinem Biografen Walter Isaacson. Und weiter: »Ich mag es, wenn man großartiges Design und leichte Handhabung zu etwas verbinden kann, was nicht teuer ist … Es war die ursprüngliche Vision für Apple. Genau das versuchten wir beim ersten Mac oder beim iPod umzusetzen.« Ich weiß, bei den späteren Geräten hat Steve Jobs das mit dem »nicht teuer« wohl vergessen. Aber das ist eine andere Geschichte. Wir haben ja auch einiges vergessen. Fragen Sie mal in einer deutschen Großstadt jemanden nach dem Bauhaus.

Das gut Gebaute, das pur und einfach ist. Die elegante Lösung, die Freude macht in einer Welt der zunehmenden Komplexität, das trifft die Sehnsüchte vieler Menschen. Und das beherrschen viele der ganz Großen im Silicon Valley. Engineering & Design, das ist ihr Element. Das prägt einen neuen Stil. Es lohnt deshalb nicht, über disruptive Innovationen im 21. Jahrhundert zu sprechen, ohne über Design und Spiele zu sprechen. Das ist, als ob man über Unternehmensorganisation im 20. Jahrhundert sprechen würde, ohne die Kategorie des Managements zu erwähnen.

Neues entsteht an den Grenzen

Vor einigen Jahren war es noch ein Geheimtipp, das Betahaus in der Prinzessinnenstraße in Berlin-Kreuzberg. Ebenso wie das Sankt Oberholz oder andere Co-Working-Spaces und Innovationslabore in Berlin. Der eine oder andere Manager, der diese Orte besuchte, etwa im Rahmen einer der Learning-Journeys, die ich mit Kollegen zusammen organisierte, war irritiert, vielleicht auch insgeheim amüsiert. Ein etwas anderes Kaffeehaus als Zukunftslabor? »Werte werden nicht mehr in traditionellen Büros geschaffen«, stand da zu lesen. Aber das Auge konnte es nicht glauben: Zu viel schien hier nur improvisiert, unordentlich, ja chaotisch. Selbst der Arbeitsplatz mit dem 3-D-Drucker. Schön und gut, man konnte sich hier einmieten und ein wenig die Atmosphäre der hippen kreativen Szene schnuppern – aber das sollte ein ernsthaftes Geschäftsmodell sein? »Ja«, sagte Christoph Fahle, einer der Gründer des Betahauses, zugleich »sind wir ein kulturgetriebener Ort«. Gerade deshalb ist der CEO von Klöckner, Gisbert Rühl, mit zwei seiner Kollegen 2014 für ein halbes Jahr in das Betahaus gezogen, als er die Idee hatte, den Stahlhandel völlig neu und möglicherweise disruptiv umzugestalten. Inzwischen hat Klöckner ein eigenes Innovationslabor in Berlin aufgebaut, das die Digitalisierung des Stahlhandels und den Aufbau einer Plattform vorantreibt. Man plant in Berlin selbst einen Co-Working-Space aufzubauen, in dem kleine und mittlere Unternehmen Digitalisierung lernen können – »ähnlich wie im Betahaus«, sagt Gisbert Rühl.

»Die besten Ideen haben die Menschen am Kaffeeautomaten«, erklärt Ansgar Oberholz, der Gründer des Sankt Oberholz, in dem auch die Stockholmer Audiodesigner und Musiker Alexander Ljung und Eric Wahlforss vorübergehend ihr mobiles Office hatten. Dort gelang ihnen auch der entscheidende Durchbruch für das Projekt SoundCloud, inzwischen eines der erfolgreichsten Berliner Start-ups, eine internationale Plattform zum Austausch und zur Distribution von Audiodateien für Musiker. SoundCloud hat heute seinen Sitz in der Berliner »Factory«, ein Projekt, das mehr sein will als nur ein Co-Working-Space und Gründerzentrum, nämlich ein Netzwerk und Klub für den Austausch zwischen Industrie und Start-ups.

Neues entsteht an den Grenzen. Und nur dort. Durch Begegnung mit dem Anderen, Fremden, Chaotischen, durch Irritation und zunehmend auch durch sektorübergreifende Kombination. Das kann man nicht erzwingen. Aber man kann Begegnungen herbeiführen und Räume schaffen, die es ermöglichen. Deshalb sind Räume nicht gleich Räume. Es gibt solche, die es verhindern, und solche, die es ermöglichen. Das hat mit Design zu tun. Anders gestaltete Räume drücken ein anderes Denken aus.

Immer geht es um das Zusammenspiel dreier Elemente: Technologie, Design, soziale Interaktion bzw. Co-Kreation über Grenzen hinweg. Als Microsoft Österreich in ein neues Bürogebäude in Wien umziehen wollte, wurde zunächst das Gebäude umgebaut, um eine andere Welt des Arbeitens zu ermöglichen. Das dafür gemeinsam mit den Mitarbeitern entwickelte Konzept basierte auf drei sehr ähnlich klingenden Elementen: Raum, Technik, Mensch. Überall auf der Welt in den neuen Zentren der Gründer und Innovatoren, ob in Berlin oder Wien, Maastricht oder London, Kopenhagen oder San Francisco, glaube ich dieses neue Zusammenspiel von Technologie, Design und oft spielerischem, interdisziplinärem Austausch beobachten und spüren zu können. Vielleicht ist dies, was da gerade weltweit entsteht, selbst eine disruptive soziale Bewegung – und zwar im zerstörerischen und zugleich schöpferischen, für viele gesellschaftlichen Bereiche anschlussfähigen Sinne (auch wenn dies den Beteiligten vermutlich nicht immer so bewusst ist)?

Daten, Design und das Nicht-Perfekte

Manchmal, in den äußerst seltenen, nicht berechenbaren Momenten, geht aus dieser Konstellation selbst eine bahnbrechende, möglicherweise disruptive Innovation hervor. So geschehen 2006 bis 2008 im Rahmen eines kreativen, vom Design Thinking inspirierten Prozesses am Hasso-Plattner-Institut (HPI) in Potsdam und Stanford. Hasso Plattner und Vishal Sikka (damals Cheftechnologe bei SAP) entwickelten gemeinsam mit Doktoranden die Idee und das Grundkonzept von HANA, einer sogenannten In-Memory-Datenbank, ein System, das wirklich in Echtzeit (»Realtime«) agiert. Auch hier das Zusammenspiel von Technologie, Design (bzw. Design Thinking) und spielerischer Interaktion. Das war der Schlüssel. Natürlich war das zunächst tatsächlich mehr ein Konzept als ein Produkt. Es war in jeder Hinsicht nicht perfekt. Doch inzwischen wird dieses Produkt von vielen Unternehmen und Institutionen weltweit als digitale Plattform genutzt, um riesige Datenmengen zu speichern, zu verwalten und zu analysieren. Von SAP selbst wird es als digitaler Kern der künftigen digitalen Strategie verstanden, mit vielfältigen Potenzialen für Big-Data-Anwendungen und das Internet der Dinge. Einige sagen, es sei eine der wenigen disruptiven Innovationen made in Germany. Oder vielleicht sollte man besser sagen: made in Potsdam und Stanford – eben ein grenzüberschreitendes Projekt.

Die Nachrichten

Zuerst die weniger guten: Ich glaube nicht, dass wir künftig strategische Wettbewerbsvorteile erzielen werden, wenn wir es nicht verstehen, diese neuen Dimensionen der erweiterten Kreativität und eines neuen Zusammenspiels von Technologie, Design und grenzüberschreitender Interaktion in unsere Strategien einzuweben. Ich glaube auch nicht, dass es gelingen wird, mit ein paar schnellen Maßnahmen und der Einführung digitaler Tools die Organisation instand zu setzen, mit disruptiven Entwicklungen besser umzugehen – und dabei möglicherweise noch den Druck zu mindern und Ängste zu nehmen. Es wäre intellektuell unredlich, so etwas anzunehmen, und noch unredlicher, es anderen zu versprechen. Das ist ein längerer Prozess. Dazu braucht es einige Lernreisen. Nicht nur ins Silicon Valley, sondern nach innen.

Natürlich gibt es ein paar Maßnahmen, mit denen man sofort beginnen kann. Natürlich gibt es eine Reihe von Tools, die sich in der Praxis bewährt haben und die man schnell einsetzen kann (einige davon werden ein paar Seiten später vorgestellt). Aber Disruptive Thinking ist weniger ein neues Toolset als ein anderes, erweitertes Mindset. Es geht darum, eine neue Anpassungsfähigkeit zu entwickeln und zugleich wieder Gestaltungsfähigkeit zu gewinnen, die uns mehr Freiheit gibt und mehr Wahlmöglichkeiten schafft.

Diese neue Anpassungsfähigkeit hat etwas zu tun mit der Anerkennung des Nichtwissens, mit dem Sicheinlassen auf Komplexität, mit dem Sicheinstellen auf Überraschungen und Widersprüche. Und mit einer neuen Qualität der Achtsamkeit im Führungsalltag. »To be prepared for the unexpected!« Das ist die Aufgabenstellung. Für uns selbst und für unsere Organisationen. Es gilt:

- ◆ das Nichtwissen zu trainieren,
- ◆ an Grenzen zu gehen,
- ◆ Widersprüche produktiv zu machen,
- ◆ Technologie- und Designkompetenzen zu verknüpfen,
- ◆ vom Design spielerisch und von den Spielen strategisch zu lernen,
- ◆ um überraschend einfache Lösungen zu gestalten.

Und damit sind wir schon längst bei der guten Nachricht. Denn aus dem Nichtwissen kommt eine große Kraft. Wir können experimentieren, Ungewohntes ausprobieren, neue Erdteile entdecken. Das haben alle Entdecker und Erfinder gewusst. Und das wird heute in vielen Organisationen gefördert. Ich erzähle dazu gerne eine Vater-Sohn-Geschichte aus England. Sie stammt von Gregory Bateson und sie geht so:

Ich kannte einmal einen kleinen Jungen in England, der seinen Vater fragte: »Wissen Väter immer mehr als die Söhne?« Der Vater sagte: »Ja.« Prompt kam die nächste Frage: »Papi, wer hat die Dampfmaschine erfunden?« Und der Vater antwortete: »James Watt.«

Daraufhin der Sohn: »Aber warum hat sie dann nicht James Watts
Vater erfunden?«

Wenn man dieses Experimentieren und Erfinden gemeinsam macht, in Zusammenarbeit von Vertretern verschiedener Disziplinen und Sektoren, die früher getrennt waren, ja sich oft fremd gegenüberstanden, wird die Kraft noch größer. Das Crossover, das Zusammenführen von Gegensätzlichem, wird zu einer Schlüsselfähigkeit für das 21. Jahrhundert. Wir brauchen neue, intelligente Kombinationen. So wie die Mechatronik oder wie die Elektromobilität. Neue Kombinationen zwischen Disziplinen und denen, die sie ausüben, zum Beispiel zwischen Naturwissenschaftlern und Künstlern, Ingenieuren und Gestaltern, Meistern des Handwerks und Meistern der Lehre. Hier könnten wir auf einige Traditionen zurückgreifen. Das Bauhaus ist eine davon. Deshalb wurde vor einigen Jahren in Weimar auch der Digital Bauhaus Summit gegründet.

Schließlich gibt es einige Dinge, die bleiben sich über die Epochen ziemlich gleich. Zum Beispiel die Einsicht, was eine gute Strategie ausmacht. Nämlich nach Carl von Clausewitz: eine überraschende Idee mit einer soliden Ausführung! Dazu braucht es ein Denken in Polaritäten. Nicht nur, um so etwas zu formulieren, sondern vor allem, um es zu realisieren, um Spannungsfelder fruchtbar zu machen.

Die vielleicht schwierigste Aufgabe unter all diesen Aufgaben heißt: sich nicht scheuen, das auszuprobieren, was den eigenen Vorstellungen widerspricht. Zum Beispiel ein Geschäftsmodell, das dem eigenen Geschäftsmodell zuwiderläuft, es sogar zerstören könnte – wenn es von Wettbewerbern auf den Markt gebracht werden würde. Warum sollte man dem nicht zuvorkommen und es selbst auf den Markt bringen? Man nennt das im Business Jargon »kannibalisieren«. Ein schwieriges Wort. Dabei geht es zunächst gar nicht um aggressives, menschenfeindliches Verhalten, sondern nur um strategisch vorausschauendes, kluges Verhalten. Um Lösungen, die einem möglichen Gegner zuvorkommen.

Das iPad war für Apple eine solche Lösung, obwohl manche davor warnten, es könne das iPhone »kannibalisieren«. Das überraschend einfache, elektrisch getriebene Automobil mit großer Reichweite, das spielerisch funktional ist, wird eine solche Lösung sein, ganz gleich von wem es entwickelt wird. Das erfordert Mut. Man muss sich selbst infrage stellen können, bevor es andere tun. Manchmal muss man auch ein wenig – und natürlich nur spielerisch – den Robin Hood geben, um diejenigen infrage zu stellen, die nicht wollen, dass man sie infrage stellt.

VIEL **M U T –** und etwas von der **Haltung** eines **R O B I N   H O O D**

Man muss vor allem den Mut haben, etwas wirklich Gutes zu entwickeln und nicht nur etwas Neues. »Gut« hat eine funktionale Dimension, aber auch eine ethische und eine ästhetische. Auch wenn wir die Letzteren manchmal vergessen. Aber ausschließlich die funktionale im Auge zu haben, wird künftig nicht mehr reichen. Wer im disruptiven Spiel reüssieren will, muss daran arbeiten, elegante und möglichst nachhaltige Lösungen zu finden.

Ob das, was man auf diese Weise entwickelt, wirklich disruptiv ist? Man weiß es nicht im Voraus. Vielleicht wenn es Wert schafft für den Kunden, mehr Wert als das, was bisher auf dem Markt ist. Vielleicht wenn es obendrein Wert schafft für die Gesellschaft. Vielleicht wenn es menschliche Probleme löst, Schmerzen lindert und Ärgernisse mindert. Vielleicht wenn es überraschend einfach ist, Freude macht und dabei erschwinglich ist.

Was

nun?

Das Nichtwissen trainieren – drei wesentliche Erkenntnisse

Am Ende dieses ersten Gangs stehen ein paar einfache Erkenntnisse und einige handlungsleitende Fragen. Zunächst: Wie können wir uns auf Disruptionen einstellen?

◆ Es gehört zum Wesen disruptiver Entwicklungen, dass ihre Ergebnisse nicht prognostizierbar sind. Wir mögen sie kommen sehen, aber wir vermögen es nicht, ihren Verlauf vorherzusehen. Das Wort »disruptiv« deutet dies an: Es geht um Brüche. Der bisherige Pfad wird gebrochen – und damit unser bisheriges Erfahrungswissen.
Wir müssen uns ins Fremde stellen. Wir brauchen nicht nur Reisen ins Silicon Valley, sondern überhaupt Lernreisen ins Unbekannte, Fremde, Überraschende. Deshalb ist es so wichtig, Arbeits- und Lernumwelten zu schaffen, in denen Organisationen und ihre Mitarbeiter dies können. Deshalb ist es so wichtig, das Nichtwissen zu trainieren. Deshalb ist das Chaos nicht nur interessant für Mathematiker oder für Mitglieder des gleichnamigen Computerklubs, sondern für jeden, der sich für das Entstehen neuer Ordnungen interessiert. Unternehmen, große Konzerne ebenso wie kleine Start-ups, tun oft so, als wüssten sie, was kommt. Das gehört natürlich auch zur unternehmerischen Disruption: Nur was laut, selbstgewiss und selbstsicher vermarktet wird, hat in der Regel eine Chance, sich durchzusetzen. Aber für die innere Achtsamkeit der Organisation, sich auf das Ungewisse einzustellen, ist eine solche Haltung tödlich. Wir hören auf, uns irritieren zu lassen. Wir lernen und wachsen nicht mehr.
Merke: Sie wollen Sicherheit? Dann lassen Sie die Finger von Disruptionen!

◆ Disruptive Entwicklungen bringen Dinge durcheinander und rufen Widerstände hervor. Die Brüche werden als Widersprüche empfunden – von der Organisation und von den Individuen. Ja, Disruptionen sind Widersprüche. Und zwar unangenehme. Jemand widerspricht, stört, greift an, setzt dem Eigenen etwas anderes entgegen. Disruptionen bringen die Arrivierten in ein Dilemma.

Weil jede einseitige Entscheidung falsch sein kann, müssen wir die Widersprüche annehmen und zweiseitig agieren. Disruptive Thinking ist deshalb die Kunst und Disziplin, Brüche und Widersprüche produktiv zu machen. Es gilt, gleichsam den Widersacher ins Boot zu holen. Wir sollten lernen, aus dem sterilen Entweder-oder ein fruchtbares Sowohl-als-auch zu machen. Es gilt, mit den Augen des Angreifers zu sehen. Das Kleine kann groß werden. Das Fremde vertraut. Das ist das Spiel. Lasst uns experimentieren, etwas riskieren. Und gleichzeitig, wie jeder Bergsteiger es tut, darauf achten, den sicheren Halt nicht zu verlieren.

Wollen Sie wirklich disruptive Innovationen fördern? Machen Sie sich darauf gefasst: Es kann Sie selbst treffen!

◆ Disruptive Entwicklungen lassen sich nicht auf Technologie reduzieren. Nicht einmal im engeren Sinne, wenn wir disruptive Innovationen betrachten. Ohne das kreative Moment, ohne neu kombinierte und vernetzte, überraschend gute und einfach gestaltete strategische Lösungen keine disruptive Innovation. Technologik ohne eine humanzentrierte Logik ist blind.

Wir können das Wesentliche der Disruption nur erkennen, wenn wir die Technologiebrille zumindest für einen Moment absetzen und eine andere Optik nutzen: Alle wirklich bahnbrechenden Innovationen der letzten Jahrzehnte hatten noch etwas anderes, ein Surplus, etwas Besonderes, eine ganz spezielle, kreative Art der Modellierung und Gestaltung – unter Nutzung schon längst erfundener Technologien. Es waren elegante, besonders gute, pure, emotionale, einfache Lösungen. Deshalb verstehen wir die digitale Transformation nur, wenn wir sie gleichzeitig als kreative Revolution begreifen.

Wollen Sie mit einer Technologie disruptiv wirken? Vergessen Sie es. Das versuchen alle. Versuchen Sie etwas anderes!

Den Widerspruch organisieren – das strategische Geheimnis

Kann man das disruptive Spiel lernen?

◆ Das Spiel der Disruptionen steckt voller überraschender Gegensätze, Widersprüche, Paradoxa. Es gleicht dem seltsamen Krocketspiel aus dem Wunderland, von dem Alice berichtet: »Du weißt gar nicht, wie man durcheinanderkommt, wenn das ganze Spielgerät lebendig ist. Mein nächstes Tor läuft zum Beispiel gerade dort hinten auf dem Spielfeld herum.«
Verwirrend erscheint bereits die typische Dilemmasituation für das arrivierte Unternehmen: die bewährte Strategie weiterverfolgen oder umschwenken auf eine radikal andere Strategie möglicher Herausforderer? So oder so? Was man auch immer tut, es scheint falsch zu sein. Jede der beiden Entscheidungen ist unbefriedigend.

◆ Gibt es Auswege? Ja. Das ja beginnt mit der Akzeptanz des Dilemmas und mit dem spielerischen »Als ob«: Wir versetzen uns in den anderen, nicht nur in den Kunden, sondern auch in einen potenziellen Angreifer, wir übernehmen seine Rolle und simulieren seine möglichen Spielzüge, wir experimentieren, wir probieren aus. Wir werden zum Hacker. Das ist wörtlich zu verstehen. Viele Unternehmen wie die Deutsche Telekom, die Postbank oder Bosch organisieren »Hackathons«, laden kreative Köpfe und IT-Spezialisten ein, die eigenen Systeme zu hacken. Auf diese Weise lernen sie nicht nur ihre eigenen Schwachstellen kennen, sondern auch mögliche Strategien von Angreifern. Manche Firmen gehen noch einen Schritt weiter: Sie rufen ihre eigenen Mitarbeiter auf, ihre Geschäftsmodelle experimentell anzugreifen. Sie suchen Freiwillige, die den Herausforderer spielen, die aufzeigen, wo das Unternehmen strategisch verwundbar ist. Und die selbst neue Geschäftsmodelle entwickeln, die möglicherweise mit der Gründung einer neuen Firma enden.

◆ Sich den Angreifer ins Haus holen: Man kann sich mit bereits gegründeten Start-ups zusammentun und von ihnen lernen. Man kann neben der eigenen Forschungs- und Entwicklungsabteilung unabhängige Einheiten bilden und selbst Start-ups gründen. Oder man kann neben dem Zukauf von Start-ups Erneuerergeist verbreiten, wie es das Medienhaus

Springer gemacht hat. Klein anfangen, groß denken: »Start-up« heißt ja zunächst nichts anderes, als einen »Anfang« zu machen. Und Anfänge sind immer klein. »Ich wollte, dass unsere Leute wieder im Studenten-Modus sind«, hat es Mathias Döpfner einmal ausgedrückt.

◆ In allen Fällen geht es darum, das Eigene mit dem Fremden zu konfrontieren und diesen Widerspruch fruchtbar zu machen. Man lässt sich irritieren, sucht den Austausch mit anderen Disziplinen und Branchen, schafft dafür Räume und Gelegenheiten. Man beginnt winzig, oft in einer Nische, denkt aber groß, vernetzt, in neuen Kombinationen und Kooperationen, crossfunktional und crosssektoral – mit Blick auf mögliche Skalierungen in der Zukunft.

◆ Das Kleine kann ziemlich groß werden. Und das Nichtfeste mächtiger als das Feste. Das ist verblüffend: Die meisten Disruptoren der digitalen Ära haben wenig Festes, das sie ihr Eigen nennen. Sie sind nicht so schwer, obgleich sie auf den Märkten als Schwergewichte gewertet werden. Sie bekommen Gewicht als Plattformen.

Das größte Taxiunternehmen der Welt hat keine Taxis (Uber).
Das größte Beherbergungsunternehmen hat keine Hotels (Airbnb).
Der wertvollste Händler der Welt hat kein Inventar (Alibaba).

Die Liste ist bekannt. Um in diese Liga aufzusteigen, braucht man strategisches Können und gute Leute. Doch auch das ist für manche kein Hindernis; man muss sich nur über Festgeglaubtes hinwegsetzen. Der Internet-Unternehmer Oliver Samwer drückt das so aus: »Wir haben digitales Knowhow, den Rest besorgen wir uns. Damit wären wir beim Thema Disruption. In Deutschland werde ich immer gefragt: Wie kann denn Tesla Autos bauen? Der hat doch gar keine 100 Jahre Autoerfahrung. Stimmt, aber der holt sich halt jemand Gutes von Toyota oder BMW. Um Toyota zu kopieren, brauchen sie nicht 100 000 Toyota-Mitarbeiter. Sie nehmen 20 der 100 Schlausten. Auch große Unternehmen können so disrupted werden, in allen Branchen.« Ohne Kommentar.

Anstelle einer Zusammenfassung – acht Regeln disruptiven Denkens

Womit können wir anfangen?

1. Von einer Kultur des Wissens auf eine Kultur des Wissens und Nichtwissens umstellen – experimentieren und neu kombinieren.

2. Nicht linear denken, sich auf Unerwartetes, Schräges, Überraschendes einstellen – das Unwahrscheinliche antizipieren.

3. Arbeitsumwelten und Räume schaffen, in denen man sich crossfunktional und crosssektoral begegnen, austauschen und anders denken kann – gemeinsam etwas ausprobieren und dabei scheitern dürfen.

4. Sich in Kunden und in potenzielle Angreifer hineinversetzen, ihr Erleben, ihre Schmerzen und Sehnsüchte mitempfinden – explorieren.

5. Widersprüche akzeptieren und als Quelle für neue Lösungen betrachten – sich selbst infrage stellen und mit den Augen des anderen betrachten (und umgekehrt).

6. Vernetzt denken und handeln – digital, funktional, sozial, vertikal, horizontal.

7. Nicht nur eine Agenda der Digitalisierung, sondern eine Agenda der Digitalisierung, der Disruption und des Designs entwickeln (die neue »3-D-Agenda«) – Sichtweisen zusammenführen, um wirklichen Wert zu schaffen.

8. Mit heiterer Gelassenheit Lösungen entwickeln, die sich skalieren lassen, weil sie besser sind – in mindestens fünf der folgenden acht Punkte: Effizienz, Transparenz, Substanz, Schnelligkeit, Vernetzung, spielerische Leichtigkeit, Schönheit und Einfachheit.

Und noch etwas –
das vielleicht Wichtigste zum Schluss

Diese Welt ist komplex. Und wir haben oft das Gefühl, dass die Komplexität zunimmt. Gleichzeitig haben wir eine Sehnsucht nach guter Einfachheit. Wenn ich mir daher am Ende dieses ersten Teils eine, wirklich nur eine Prognose zutraue, dann diese: Die künftigen »disruptiven« Neuerungen, die wirklich bahnbrechenden Innovationen – ganz gleich ob Produktinnovationen oder soziale Innovationen – werden überraschend einfach sein. Sie werden unser Bedürfnis nach guter Einfachheit erfüllen.

Viele gute Dinge sind einfach, schlicht, pur. Und viele Menschen sehnen sich danach. Nicht nach dem lieblosen, rasch aufgewärmten Einfachen. Sondern nach dem gut Durchdachten, dem wirklich gekonnt und überraschend einfach Gestalteten. So wie das iPad von Apple. Als es auf den Markt kam, wurde es von vielen belächelt. Aber dann zeigte sich: Es hat es in sich. Es ist kinderleicht zu bedienen. Es kann sehr viel. Und es ist sehr einfach. Es ist komplex und zugleich einfach, smart und haptisch, funktional und schön. Das Design des User-Interface vor allem.

Viele reden über den User. Hier hat sich wirklich jemand in ihn hineinversetzt und seine Sehnsucht ernst genommen. Gestaltet nach dem Motto des deutschen Designers Dieter Rams: »Weniger ist besser.« Und das spielerisch. Genau darum wird es in Zukunft immer mehr gehen. Nicht nur bei Produkten und Geschäftsmodellen. Das ist die vielleicht wichtigste disruptive Lektion. Ganz zum Schluss. Es ist der erste praktische Imperativ:

Sei
überra
einfa

schend
ch!

Denkbilder

(manchmal auch nutzbar als Tools)

1. Alte Welt – neue Welt

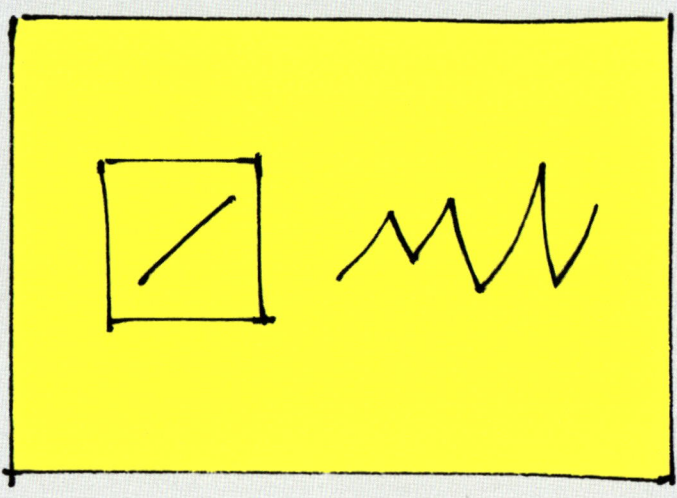

Linear
Autobahn-Denken

Nicht linear
Bergweg-Denken

2. Die bisherige Bahn wird gebrochen

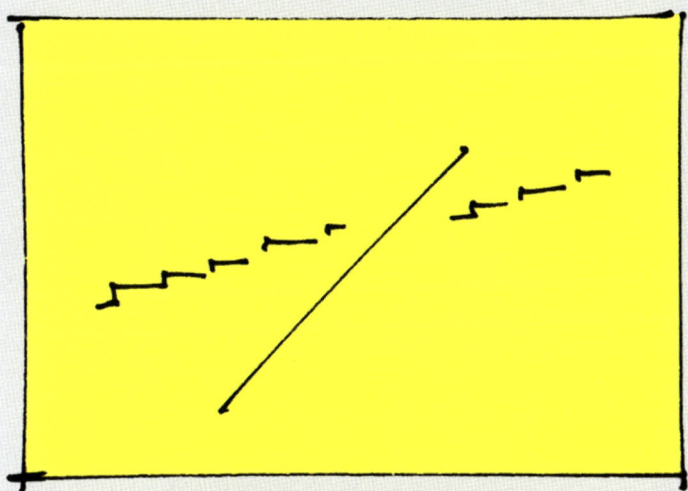

Der Herausforderer kommt von unten, aus einer Nische.
Manchmal gut sichtbar, manchmal unbemerkt.
Irgendwann durchschlägt er die Erfolgsspur des Arrivierten.

Frei nach Clayton M. Christensen

3. Das Dilemma

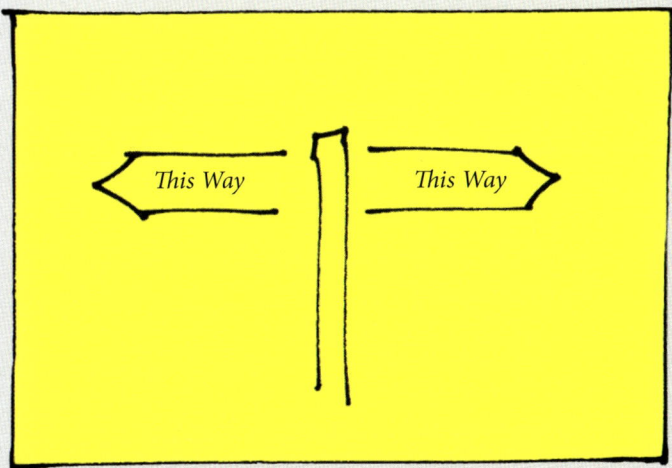

Wenn ich der bisherigen Bahn folge, kann ich »disrupted« werden.
Wenn ich den neuen Weg einschlage, verliere ich möglicherweise
Kunden und Ertrag.

4. Das Doppelgesicht
disruptive Entwicklungen

So ist es!   *Ist es so?*

Typisch für Disruptionen sind Widersprüche.

5. Der schwarze Schwan

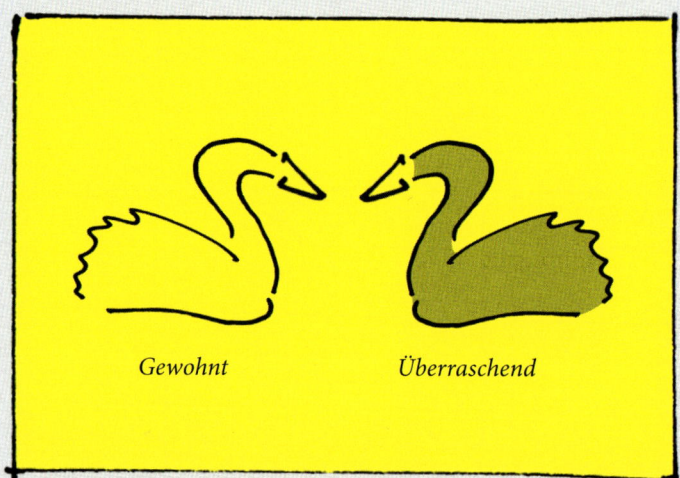

Gewohnt   *Überraschend*

Der schwarze Schwan steht für Entwicklungen und Ereignisse,
die kaum jemand auf der Rechnung hatte, die aber prägend wirken.
Nach Nassim N. Taleb

6. Der »digitale Wirbelsturm«

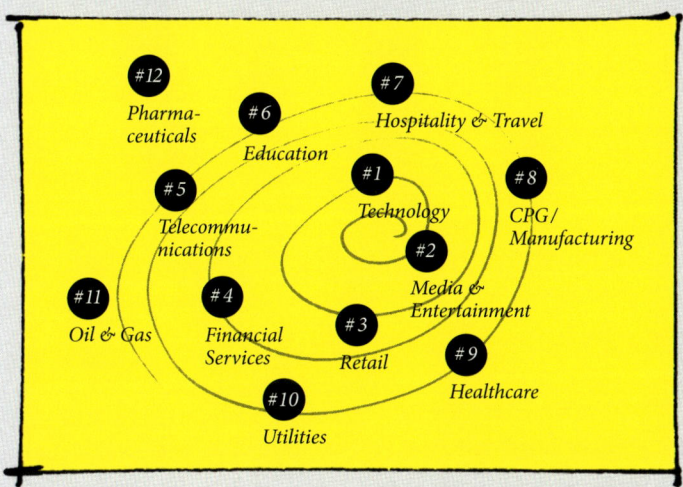

*Ist das so? Oder nur der Versuch, das Unbekannte vertraut
zu machen?*

Nach einer Studie von Cisco und dem IMD

7. Antizipation der Disruption

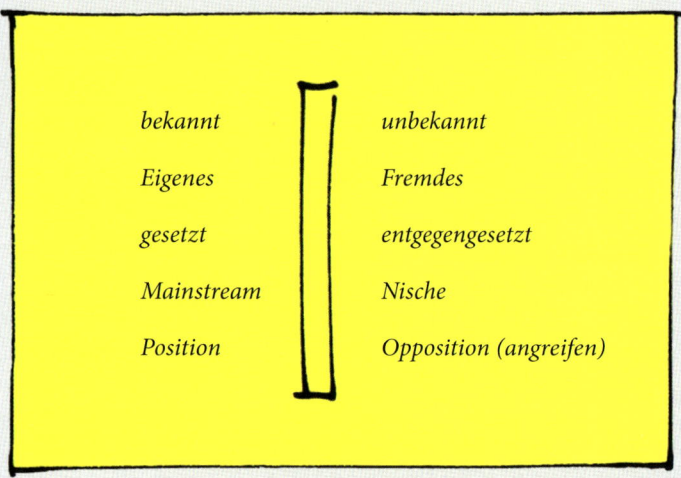

bekannt *unbekannt*

Eigenes *Fremdes*

gesetzt *entgegengesetzt*

Mainstream *Nische*

Position *Opposition (angreifen)*

Spielerisch die Seite wechseln, in die Rolle des Angreifers schlüpfen

8. Die siebenfache Zumutung des »Nicht«

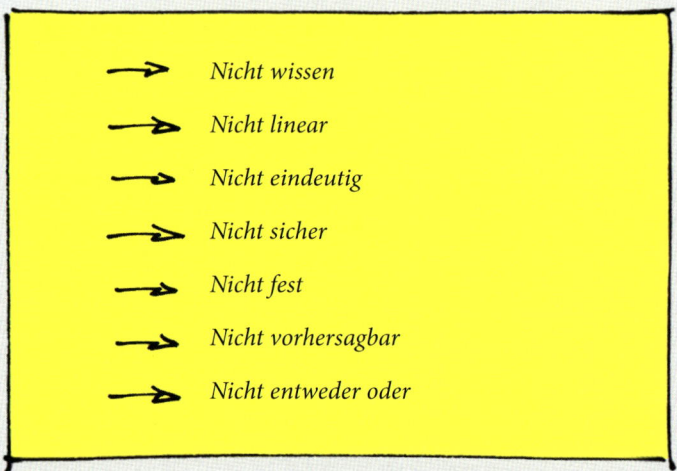

→ *Nicht wissen*

→ *Nicht linear*

→ *Nicht eindeutig*

→ *Nicht sicher*

→ *Nicht fest*

→ *Nicht vorhersagbar*

→ *Nicht entweder oder*

»Würde sich der Mensch niemals irren, er fände nichts.«
(Paul Valéry)

9. Aus der Reihe denken

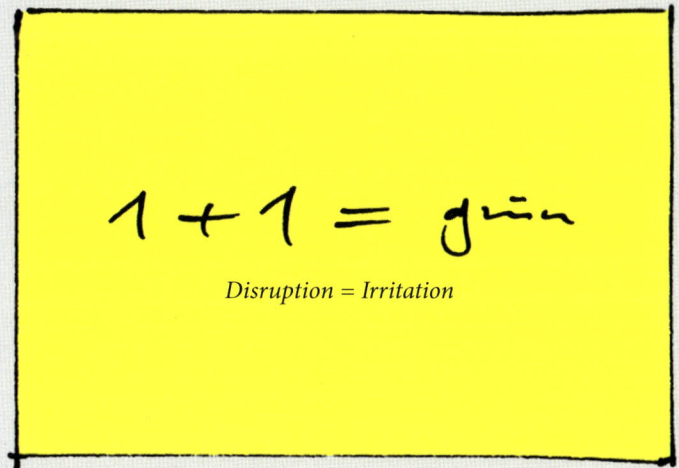

Frei nach Heinz von Foerster

10. Chaos und Ordnung

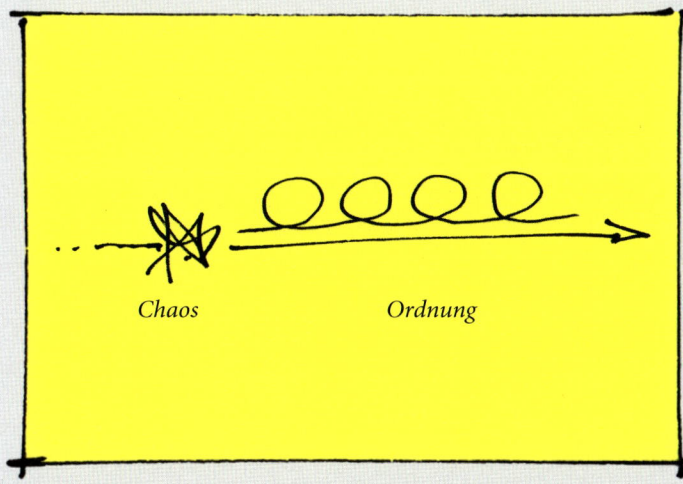

Der innere kreative Prozess (frei nach Joseph Beuys) – manchmal muss man durch das Chaos hindurchgehen, um bahnbrechend Neues zu schaffen.

11. Die nächste Stufe

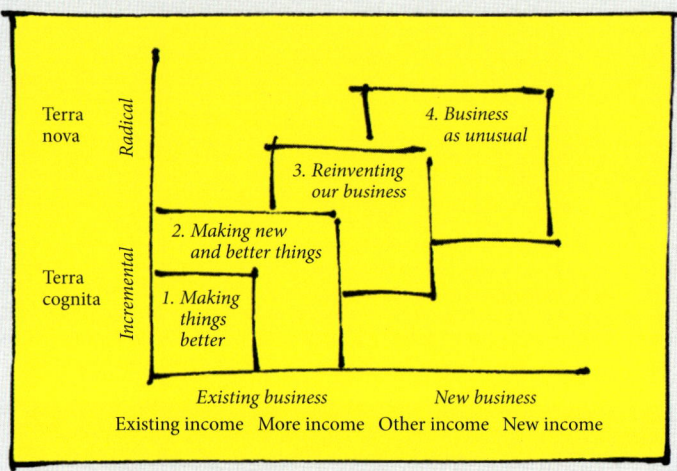

Verschiedene Formen der Innovation – auf unterschiedlichem Disruptionslevel

Nach Paul Louis Iske, Combinatoric Innovation

12. Portfolio der Innovationen

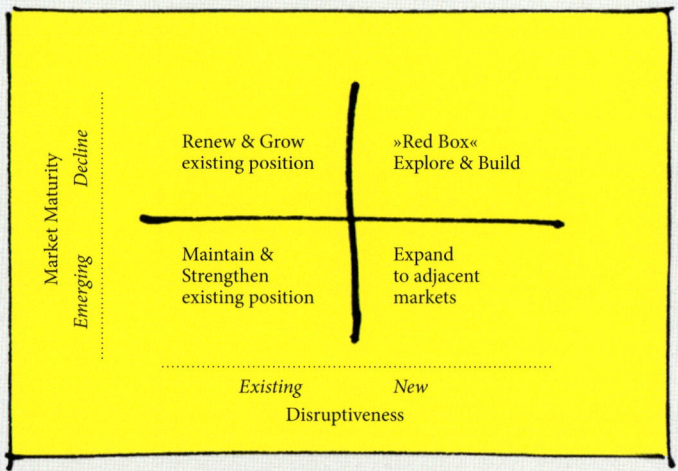

Nach Rob van Leen et al., DSM, Heerlen

13. Wohin richten wir die Aufmerksamkeit?

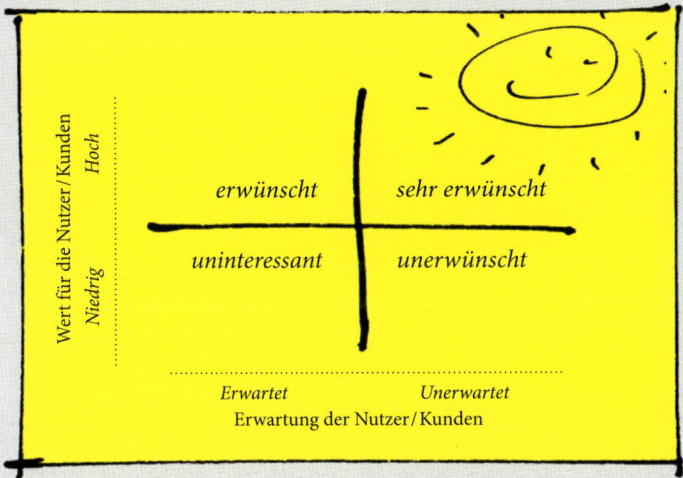

Disruptive Thinking ermöglicht das Unerwartete,
das Wert schafft und Freude macht. Möglichst nachhaltig.

14. »Sei überraschend einfach!«

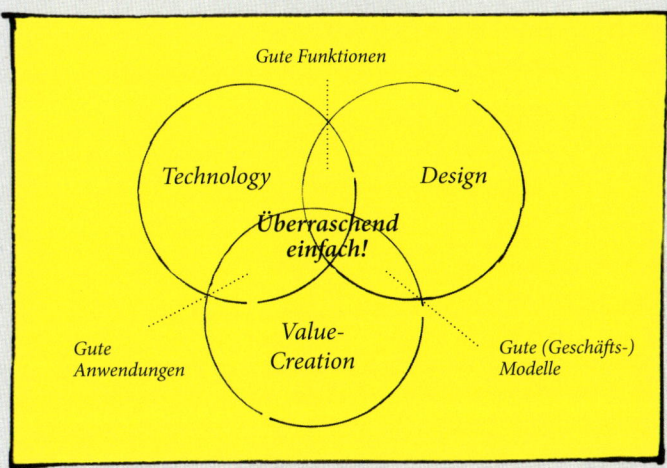

Auf das Zusammenspiel kommt es an.

»Zweck und Ziel der Organisation ist es, die Stärken der Menschen produktiv zu machen und ihre Schwächen unwesentlich.«

Peter Drucker

Teil 2

Routinen und Nichtroutinen

Die kreative Revolution erfasst die Organisation

Druck von allen Seiten

Überall, in allen Organisationen, die ich kenne, heißt es: Wir wollen kreativer und innovativer werden. Am besten viel innovativer, radikaler, grundlegender. Innovativer auf den Märkten, aber auch kreativer im Innern. Wir wollen oder sollen uns erneuern. Und sei es auch nur, um uns ein bisschen mehr Luft zu verschaffen, ein wenig Druck rauszunehmen, der auf den Mitarbeitern wie auf dem Management lastet. Denn das spüren wir in vielen Organisationen: Der Druck nimmt zu. Von allen Seiten. Der Marktdruck, der Ergebnisdruck, der Zeitdruck, vor allem und immer wieder der Zeitdruck. Aber auch der Druck von oben, der Druck von Kollegen und manchmal auch der Druck von unten.

Wir befinden uns im Belagerungszustand, um eine Metapher von Michael E. Porter zu gebrauchen. Er bezog sie auf den Zustand des Kapitalismus. Ich denke, sie ist ebenso zutreffend für den Zustand von Organisationen und für das, was viele Führungskräfte gegenwärtig empfinden. Wir fühlen uns von allen Seiten unter Beschuss. Friendly Fire. Manchmal auch nicht. Das hat zu einem erheblichen Teil auch damit zu tun, dass wir irgendwie nicht genau wissen, wie wir auf die gestiegenen Anforderungen angemessen und verantwortlich reagieren sollen. Denn das kennzeichnet diese Übergangszeit: Manches Alte funktioniert nicht mehr richtig und manches Neue noch nicht richtig.

Wir hören zwar viel von neuen, agilen Methoden, haben vielleicht auch schon an einigen Workshops teilgenommen, in denen neue kreative, offenere Formen der Zusammenarbeit erprobt werden, aber der Alltag sieht anders aus. Wir verbringen unendlich viel Zeit in Meetings, mit Berichten, Reviews, Präsentationen, PowerPoint-Folien. So viel vergeudete Zeit, nur um wieder ein paar Ampel-Charts so hinzubekommen, dass unser Projekt nicht gefährdet und kein Ego gekränkt wird. Oft haben wir das Gefühl: »One more meeting like this and I die.«

Aber wir spüren, dass sich etwas ändern muss. Wir sprechen ja schließlich von Transformation. Also fordern wir auf zur Erneuerung. Wir stellen das Thema ganz oben auf die CEO-Agenda, wollen es ins Leitbild des Unternehmens integrieren, ins Zielbild des Bereichs oder der Abteilung. Das klingt gut.

»Stopp« sagen

Doch das ist so eine Sache mit Neuem. Es widerspricht unseren Gewohnheiten. Und wir lieben unsere Gewohnheiten. Organisationen lieben Gewohnheiten. Organisationen, welcher Art auch immer, sind konservativ – und sie müssen es sein. Denn sie geben den Aktivitäten einer Gruppe von Menschen einen klaren Rahmen, eine bestimmte Ausrichtung. Dort geht es lang, in diese Richtung. Das ist unser Pfad. »Wir bewohnen nicht Territorien, sondern Gewohnheiten«, wie Sloterdijk sagt.

Das gilt für den persönlichen wie für den organisationalen Alltag. Wir haben unsere bewährten und erfolgreichen Gewohnheiten in Routinen gegossen. Das macht die Dinge einfach und effizient. Es sind wiederholbare Abläufe. Wir müssen nicht viel überlegen. Wir können sie optimieren, noch ein wenig reibungsloser und geschmeidiger machen. Dann können wir die Geschwindigkeit der Ausführung steigern. Aber dazu müssen wir uns fokussieren, voll und ganz auf den Bewegungsablauf konzentrieren. Nicht nach links und rechts gucken. Vor allem wenn mehrere Routinen gleichzeitig oder kurz hintereinander zu erledigen sind. Irgendwann sind wir drin im Hamsterrad. Und wenn wir drin sind, kommen wir nur schwer wieder raus. Neulich habe ich gehört: Hamster lieben ihr Rad. Sie wollen gar nicht raus. Aber auch für uns Menschen ist es sehr schwer. Vor allem wenn der Druck zunimmt.

Das aber heißt – und deshalb ist das mit dem Neuen so eine Sache: Wir können im Normalfall niemanden, der fokussiert seine Runden dreht, dazu bewegen, sich kreativ etwas Neues auszudenken, gar radikal Neues. Wir haben keine Chance. Wir können noch so viel appellieren, es wird nicht funktionieren. Wir müssen Routinen und Gewohnheiten brechen, *unterbrechen,*

»Stopp« sagen, die bisherige Bahn brechen – und sei es auch nur für kurze Zeit. Eine Zeit, in der der andere wieder Luft holen und auf andere Gedanken kommen kann. Dies zu ermöglichen und dafür Räume zu schaffen, Zeiträume, emotionale Räume, aber auch reale Räume, ist eine der wichtigsten Aufgaben von Führung in dieser Zeit!

Wenn Sie also partout wollen, dass nichts Neues entsteht: Achten Sie peinlich genau darauf, dass niemand aus den vorgegebenen Routinen ausbricht, und verschwenden Sie kein unnötiges freundliches, anerkennendes Wort für selbstständiges Denken. Positiv gewendet: Loben Sie, was das Zeug hält, wenn jemand wirklich out of the box denkt, Silos und Hierarchien infrage stellt, unangepasst, autonom und rebellisch ist. Gerade in dieser Zeit der Vernetzung. Disruption funktioniert nicht ohne Routinebruch. Ja, Disruption ist ein Routinebruch.

Alte Welt – neue Welt (2): Silos und Netzwerke

Damit bin ich beim zweiten grundlegenden Bild des disruptiven Denkens und beim zweiten Bild der digitalen Transformation und kreativen Revolution.

Alte Welt – neue Welt

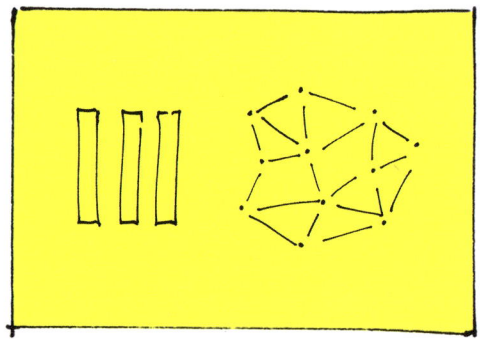

Silos, Abteilungen: *Netzwerke, Verknüpfungen:*
schwerfällig, langsam   *innovativer, agiler*

Frei nach Ulrich Weinberg, Network Thinking

Von der alten Welt in die neue Welt, das heißt: vom Räderwerk zum Netzwerk. Oder: von der Silo-Organisation zum Netzwerk. Ulrich Weinberg, der Leiter der Potsdamer School of Design Thinking, nennt es: vom Brockhaus-Denken zum vernetzen Denken. Ein sehr schönes, einfaches Bild. Brockhaus meint: von A bis D, von E bis H, von I bis M etc. Es meint auch: organisiert in klar abgegrenzten funktionalen Bereichen und Ab-Teilungen, die kaum etwas miteinander zu tun haben (und die nach oben berichten und dorthin auch mit Vorliebe ihre Aufmerksamkeit richten). Auf der anderen Seite sehen wir eine andere Struktur, eine andere Form der Organisation von Arbeit, Wissen, Lernen: das Netzwerk.

Man könnte sagen: Na und? Netzwerk? Davon reden doch alle. Aber diese Struktur hat es in sich. Die Vernetzung bietet ungeahnte, schier unbegrenzte Möglichkeiten für Innovationen. Netzwerke sind potenzielle Kraftwerke, die Explosionen des Neuen ermöglichen. Täglich, stündlich, minütlich wird in den Netzen irgendwo etwas Neues entwickelt, zum Beispiel ein neues Geschäftsmodell, eine neue Serviceidee, eine neue Kombination von Wirkstoffen oder wirkmächtigen Gedanken. Wissen wir, wo? Wo sitzen die möglichen Wettbewerber oder sozialen Innovatoren von morgen? Diese andere *co-kreative Logik* ist das Herzstück der disruptiven Entwicklungen, der Treiber ihrer Skalierung. Netzwerke wirken als Beschleuniger, sie machen die Dinge schneller und beweglicher. Sie produzieren das Muster, das in Organisationen Agilität genannt wird.

Die **CO-KREATIVE LOGIK** ist das **HERZSTÜCK** der disruptiven Entwicklungen

Der lautlose Aufstand

Die traditionelle funktionale Organisation kann da nicht mithalten. Sie ist in der Regel schwerfälliger. Es dauert viel länger, ehe sich etwas Neues durchsetzt. Und wie es jeder schon einmal erlebt hat, der etwas radikal Neues vorgeschlagen hat: Sie reagiert oft abweisend. Sie schottet sich ab gegen Neutöner. Sie hat etwas gegen Rebellen.

Vom Silo zum Netzwerk: Die neue Welt wirkt beweglicher, kreativer. Das ist mehr als ein Formwechsel. Das ist ein Formbruch, ein Strukturbruch. Man kann es auch so sagen: Es ist der lautlose Aufstand der kreativen menschlichen Intelligenz gegen die Struktur der alten Industriegesellschaft. Und dieser Aufstand hat nicht erst gestern begonnen.

Bei der Übertragung des Superbowl-Endspiels im Januar 1984 bekamen die Zuschauer in der Pause etwas zu sehen, was ihnen den Atem verschlug: Ein mehr als einminütiger Film (viel zu lang für einen normalen Werbe-spot) zeigte eine gespenstische Szene – offensichtlich in Anspielung auf das Jahresdatum: Eine Menschenmasse starrt auf einen überdimensionierten Bildschirm und lauscht den Worten ihres Anführers, dessen Kopf den ge-samten Bildschirm ausfüllt. Die Worte sind mächtig, monoton, einlullend manipulativ. Die einträchtige Szene wird gestört durch eine junge Frau mit roten Shorts, die zielstrebig und schnell durch die Menge läuft – auf den Bildschirm zu. Schließlich schleudert sie einen schweren Wurfhammer in den Bildschirm, der krachend zerbirst. Dazu die Stimme aus dem Off: »Warum 1984 nicht wie ›1984‹ sein wird.« Das war tatsächlich ein disrup-tiver Moment. Eine Kampfansage gegen »Big Brother« IBM, gegen den als übermächtig, grau und unkreativ empfundenen PC-Konzern. Natürlich war es Werbung für den Macintosh, für eine neue, andere Maschine mit intuiti-ver Nutzung. Aber es ging nicht nur um ein Produkt. Es ging um eine andere Haltung, eine andere Einstellung, eine andere Lebensart. So wie das Mac-intosh-Team anders war und anders arbeitete, sehr hart und zugleich experi-mentell und spielerisch. Sein Motto war: »Work hard, play hard.« Damals war noch niemandem klar, wie dieses Motto später verstanden werden würde.

Think different

Einige Jahre später sollte Apple dieses Motiv noch einmal aufgreifen und ver-stärken. Wieder ging es vordergründig um Werbung für ein Produkt. Und wieder ging es zugleich um eine andere Arbeits- und Lebensweise. Weshalb diese Werbung von vielen als eine Art Manifest verstanden wurde (auch wenn Steve Jobs selbst dabei kaum als Vorbild angesehen werden konnte). Dieses Manifest aus dem Jahre 1997 trug den Titel »Think different«:

»Here's to the crazy ones. The misfits. The rebels. The troublemakers. The round pegs in the square holes. The ones who see things differently. They're not fond of rules. … they change things. They push the human race forward. And while some may see them as the crazy ones, we see genius. Because the people who are crazy enough to think they can change the world, are the ones who do.«

Nonkonformisten und »smart creatives«

Das Pathos dieser Worte mag heute seltsam anmuten. Aber die Kernbotschaft ist aktuell und relevant für jede Organisation und jeden, der führt.

Der Organisationspsychologe Adam Grant von der Wharton School nennt das »going against the grain«. Er fordert mehr Nonkonformisten, mehr Originale in Führungsverantwortung. Ohne sie, so Adam Grant, keine Veränderung, keine Disruption und keine »schöpferische Zerstörung«. Nonkonformisten, wie Grant sie versteht (und für die er viele Beispiele anführt), sind nicht besonders auffallend, laut, grell oder plakativ. Sie machen sehr diszipliniert und eher bescheiden ihren Job. Aber sie folgen nicht der Menge auf ihren Trampelpfaden. Sie haben ihren eigenen Kopf. Sie sind kreativ und lernfähig. Und sie werden gerade jetzt gebraucht.

Eric Schmidt, der Chairman von Google, schreibt in seinem Buch *How Google works* (2014): »We have to relearn everything we thought about management.« Die Zeit der Manager sei vorbei. Heute würden die »smart creatives« an ihre Stelle rücken. Das ist natürlich eine typisch amerikanische Übertreibung (eines Managers). Aber es ist was dran. Da ist eine stille, heimliche Revolution im Gange, unterstützt von Vertretern der Generation Y, die dabei sind, die Formen der Zusammenarbeit massiv zu verändern. Nach dem Motto: Warum kann harte Arbeit nicht kreativ sein und Spaß machen?

»Nur Ideen und neue Lösungen, schöpferisches Denken und Handeln und die Entwicklung von Wissen sind zukunftsfähig«, sagt Wolf Lotter, der als einer der Ersten auf die Bedeutung der Ideenwirtschaft und der kreativen Revolution hingewiesen hat. Es »geht um eine Machtauseinandersetzung zwischen zwei nicht kompatiblen Organisationsstrukturen: industriekapitalistisch die eine, wissensbasiert die andere«.

»Elegant organization« – Netzwerke von Freiwilligen

Was kennzeichnet »smart creatives«? Sie arbeiten beweglich und vernetzt. Sie arbeiten eher ungern in Silos und lieber in Communitys. Im Januar 2009 sprach Mark Zuckerberg in Davos vor Wirtschaftsführern der ganzen Welt. Am Ende seiner Rede stand der Chef einer großen Company auf und fragte: »How can we start a community like yours?« Die Antwort Zuckerberg war: »You can't.« Die Communitys würden schon längst existieren und das machen, was sie wollen. Von allein, selbstorganisiert. Die einzige Möglichkeit sei, ihnen dabei zu helfen, das noch besser zu machen. Wie? »Bring them elegant organization!« Was er damit meinte, war eine andere Art der Organisation, eine vernetzte Art, die es einfacher macht, mit anderen in Verbindung zu treten. Das leuchtete irgendwie ein. Aber wie soll das gehen? Viele Unternehmensführer fragen sich das bis heute: vernetzt, einfach, kreativ, agil, vielleicht noch »work hard, play hard«. Das klingt schön. Doch kann diese andere organisationale Logik funktionieren, wenn man kein Start-up ist? Und wie geht das zusammen mit der bisherigen organisationalen Logik? Wir können doch nicht die alte Organisation einfach von heute auf morgen über Bord werfen?

Nein, sagt Harvard-Stratege John P. Kotter. Aber Sie können ein *Netzwerk von Freiwilligen* aufbauen, die bereit sind, etwas auszuprobieren und die bisherigen Routinen infrage zu stellen. Fahren sie bewusst zweigleisig – »sowohl als auch«. Sowohl Netzwerk als auch klassische Hierarchie. Er nennt das ein *»duales Betriebssystem«* der Organisation und spielt dabei bewusst auf das Prinzip der dualen Ausbildung an, das auch in den USA einen guten Ruf hat.

Beide Welten existieren nebeneinander, verbunden durch einen ständigen Austausch von Informationen und Aktivitäten. Ich füge hinzu: Dies funktioniert nach meiner Beobachtung nur, wenn die Akteure des Netzwerkes das wirklich dürfen, was ihnen hier zugemutet wird. Wenn sie den Spielraum haben, ihre Arbeit weitgehend selbstorganisiert zu machen.

Autonomie und gegenseitige Hilfe

Selbstorganisation bzw. Autonomie heißt weniger Hierarchie. Wir reden heute selbstverständlich vom autonomen Fahren – aber autonomes Führen halten viele noch für Utopie. Warum eigentlich? Trauen wir unseren Leuten nicht? Oder trauen wir uns selbst nicht?

Selbstorganisierte und agile Arbeitsweisen, so könnte man meinen, sind in erster Linie etwas für Start-ups oder innovative IT-Unternehmen. Aber das ist ein Vorurteil. Eines der Unternehmen, die das bewiesen haben, ist der mittelständische Hersteller von Bandsägen, die Firma HEMA. Hier hat man in den letzten Jahren versucht, die Organisation konsequent auf Selbstorganisation und schnelles, bewegliches Arbeiten umzustellen. Das geht nur, wenn man sich gegenseitig hilft. Und sich gegenseitig helfen geht nur, wenn man anders führt.

Marco Niebling, bei HEMA zuständig für Projektmanagement und HR, beschreibt in einem Interview mit Winfried Kretschmer auf ChangeX den Unterschied so: »Faktisch geht es in hierarchisch geführten Unternehmen immer darum: Ist das meine Aufgabe? Darf ich das überhaupt? Oder muss ich erst meinen Chef fragen? Gegenseitige Hilfe ist hier nur begrenzt möglich, weil jeder Mitarbeiter ein klares Tätigkeitsprofil und eine definierte Aufgabenbeschreibung hat. Hierin liegt eines der Hauptprobleme, weswegen Unternehmen nicht flexibel genug auf komplexe Anforderungen reagieren können. Auch bei uns war es nicht selbstverständlich, dass man sich gegenseitig helfen darf. Man wollte zwar, aber es war oft nicht möglich, weil der Vorgesetzte gesagt hat: ›Das ist nicht deine Aufgabe!‹ Heute darf jeder, der etwas zu einer sinnvollen Aufgabe beitragen kann, anderen dabei helfen, und zwar ohne sich nachher rechtfertigen zu müssen, wo die Stunden hingegangen sind. Wir haben damit die Voraussetzungen geschaffen, dass sich unsere Mitarbeiter wirklich gegenseitig helfen können.«

Unabhängig von Abteilungsgrenzen

Daimler hat sich wie die anderen großen Automobilmarken viel vorgenommen, um für die disruptiven Entwicklungen in der Automobilindustrie gerüstet zu sein. Nicht nur in der Strategie, nicht nur in der Produktentwicklung, sondern auch in der Organisation. Daimler-Chef Dieter Zetsche sagt: »Wir wollen nicht nur die Verwandlung unserer Produkte vorantreiben, sondern auch die Verwandlung unserer Organisation signifikant beschleunigen.« Auf dem Pariser Autosalon 2016 enthüllte er seine Idee: in den nächsten Jahren »rund 20 Prozent der Mitarbeiter auf eine Schwarmorganisation umstellen«. Ab sofort sollen sich rund 1000 Mitarbeiter unabhängig von Abteilungsgrenzen mit der Mobilität der Zukunft beschäftigen. Der Dachbegriff dafür heißt CASE: C für Connectivity, A für Autonomous Driving, S für Sharing, E für Electromobility. Dabei gehe es vor allem darum, »das Zusammenspiel der Felder zu verstehen und zu nutzen«. Durch eine vernetzte Zusammenarbeit in einem eigenen Unternehmensbereich. Es werde deshalb auch nur noch zwei statt sechs Hierarchiestufen geben. Bis 2020, so die Hoffnung von Zetsche, solle das Konzept einer neuen Führungskultur umgesetzt sein. Alte Strukturen aufbrechen, anders zusammenarbeiten, vernetzt arbeiten ohne Abteilungsgrenzen, als große Organisation wandlungsfähig und flexibel sein – das sind die Ansprüche an die eigene Belegschaft. Der Startpunkt ist gesetzt. Aber wie geht es weiter? Hält man es durch? Und wie werden die mitgenommen, die nicht ausschwärmen?

Ein kleiner Ansatz, der groß wurde

Zuerst war es nur ein Geheimtipp. Insider erzählten seltsame Geschichten von einem ganz anderen innovativen Ansatz, vom »Denken mit den Händen« und Ähnlichem. Andere, die es meist nur vom Hörensagen kannten, meinten, es erinnere doch eher an einen Kindergeburtstag. Es sei nichts für gestandene Manager, schon gar nicht für solche mit Change- und Innovationserfahrung.

Es gehe da auch wenig intellektuell und ziemlich unkritisch zu. Wiederum andere fanden, es sei sehr interessant, aber wohl nur eine innovative Methode unter vielen. Möglicherweise auch nur eine Mode, die ganz schnell wieder vergehe. Dann kamen die ausführlichen Berichte in der internationalen

Wirtschaftspresse. Es gab Sonderhefte, die sich ganz diesem Geheimtipp widmeten. Und es kamen immer mehr Nachrichten von Unternehmen, die beschlossen hatten, die Sache auszuprobieren. Unternehmen, die durchaus Change- und Innovationserfahrung hatten, aber wohl erwogen, noch ein paar andere Erfahrungen zu sammeln und ihrer Organisation zuzumuten: IBM, SAP oder Bosch, um nur ein paar Namen zu nennen. Bei SAP zum Beispiel sind in den vergangenen Jahren Tausende Mitarbeiter mit diesem anderen Weg in intensiven Trainingsmaßnahmen und in interdisziplinären Teams vertraut gemacht worden. Über Hierarchieebenen hinweg. Es hat sich eine eigene Community gebildet. Die Teams haben sich vernetzt. Es ist ein Teil der Organisationskultur geworden. Man nennt es Design Thinking.

Design Thinking ist überraschend einfach, sozusagen kinderleicht in der Bedienung mit einer sehr einfachen und gut strukturierten, iterativen Schrittfolge. Und zugleich hochkomplex, mit einem reichen Arsenal von Techniken, die jedem einzelnen Schritt zugeordnet sind. Es ist gleichsam das iPad unter den sozialen Innovationen dieser Zeit. Und dieser Vergleich scheint mir in mehrfacher Hinsicht stimmig.

Design Thinking ist eine soziale Innovation, die mit der technologischen Entwicklung Hand in Hand geht. Durchaus im wörtlichen Sinne. Sie ist auf den Menschen zugeschnitten, human-centred, wie es genannt wird, und gleichzeitig unterlegt mit vielen Varianten der digitalen Technologie und Vernetzung. Die Studenten und Coaches der Design Thinking School nutzen in ihrer Arbeit völlig selbstverständlich unterschiedliche digitale Geräte und Tools, Co-Working-Plattformen und soziale Medien. Slack, Google Docs etc. Das sind für sie Basics. Wie die Farbpalette für den Maler. Sie können damit spielen. Sie sind in der Lage, auszuwählen und die Technik oder die Instrumente einzusetzen, die sie für passend und stimmig erachten – für eine bestimmte Aufgabe im Team, für das Co-Working mit dem Kunden oder für die Kommunikation zwischen den Teams. Das ist faszinierend. Aber noch faszinierender ist es, wenn die Köpfe und Hände ohne Geräte arbeiten, sich einschwingen aufeinander.

Hier kommt der Ursprung von Design Thinking ins Spiel. Er liegt in der Kombination, im Zusammentreffen unterschiedlicher Disziplinen, im Zusammenspiel von »hard facts« und »soft factors«. Design Thinking entstand in dem Moment, als Ingenieurskunst und Design aufeinandertrafen. Und zwar in Kalifornien. Zum einen im Kopf von Steve Jobs. Er war auch einer der Ersten, die explizit von Design Thinking sprachen. Zum anderen parallel in Stanford, als David Kelley und andere Designer von der Ideenschmiede IDEO sagen: »Lasst uns zusammentragen, was wir aus unserer Arbeit für Apple & Co. gelernt haben«, als sie u. a. gemeinsam mit einem Team von Apple-Ingenieuren die Macintosh Mouse entwickelten. Und als Hasso Plattner hinzukam, von der Idee begeistert war und sich entschloss, in die neue Schule, genannt »D-School«, zu investieren: zunächst in Stanford, dann in Potsdam. Heute findet man Design Thinker fast überall auf der Welt, ob in Peking, Kapstadt oder Bangalore.

Eine Schule wird zur Management-Schule

Zunächst war diese Schule tatsächlich nur eine Ausbildungsstätte für Studenten. Eine ungewöhnliche, kreative, interdisziplinäre Schule, durchaus auch mit Partnern aus der Industrie, mit »real cases« aus Unternehmen, aber eben doch eine Institution für Studenten. Eine kleine zumal. Dass das Kleine so groß werden und die Schule zu einer neuen Management-Schule avancieren würde, hat die meisten überrascht. Das Management besonders. Ich gestehe, auch mich hat es überrascht. Obwohl ich neugierig war und bereits kurz nach der Gründung Uli Weinberg kennengelernt hatte. Anfangs war ich etwas skeptisch, aber zugleich sehr fasziniert, als er über die Arbeit der D-School in Potsdam berichtete, und ich bat ihn, einen Part in einem neuartigen Leadership-Programm zu übernehmen, das ich damals organisierte. Ich wusste auch von einigen interessanten Leuten, dass sie begonnen hatten, mit dieser neuen Methode zu arbeiten oder darüber zu schreiben – ich denke etwa an das Buch *Durch die Decke denken* von Jürgen Erbeldinger und Thomas Ramge, visuell gestaltet von Erik Spiekermann.

Doch ich behaupte: Niemand, wirklich niemand hat in den ersten Jahren geahnt, wie stark Design Thinking eines Tages in die Unternehmenslandschaft hineinwirken würde. Niemand hat vorhergesehen, dass Design-Thinking-Projekte in manchen Firmen nicht nur die Innovationsabteilung, sondern in einem umfassenderen Sinne Führung und Organisation verändern würden. Und das ist eben die Pointe: Design Thinking ist – obschon eine soziale Innovation – eigentlich ein Paradebeispiel für eine disruptive Innovation. Und zwar gemäß der klassischen Interpretation von Clayton M. Christensen: Sie nutzt die Chancen digitaler Technologien. Sie entsteht in neuen Märkten und kommt eher aus unteren Marktsegmenten. Die traditionellen Akteure und Marktteilnehmer – in diesem Falle zum Beispiel die großen Beraterfirmen – sehen die Innovation zunächst nicht; oder sie sehen sie und unterschätzen sie; oder sie sehen sie, aber wissen nicht, wie sie darauf angemessen reagieren können. Und irgendwann reiben sich alle die Augen und fragen sich: Wieso werden überall in den Firmen Design-Thinking-Workshops abgehalten? Wieso sind im Konzern X oder im Unternehmen Y schon Tausende Mitarbeiter in dieser neuen Methode ausgebildet worden? Warum sehen so viele neue Räume, Möbel und Arbeitsmittel plötzlich so aus wie in der D-School? Was passiert hier eigentlich gerade? Nicht nur bei SAP, sondern auch bei der Deutschen Telekom oder bei Janssen-Cilag und anderen? Neuerdings auch bei Daimler, nachdem 1000 Mitarbeiter binnen zweier Monate in einem eigens dafür errichteten Container in den Grundlagen von Design Thinking ausgebildet wurden? Und was ist das nun eigentlich für das Management: eine neue Schule, eine neue Methode, eine andere Haltung oder ein anderer Stil? Oder eine Mischung aus allem? Oder doch nur eine Mode?

> DESIGN THINKING ist ein **Paradebeispiel** für eine **disruptive Innovation**

Um mit der letzten Frage anzufangen: Ja und nein. Ja, es ist auch eine Mode. Natürlich. Und wir wissen nicht, wie lange diese Mode anhalten wird. Nur: Warum fragt so selten jemand bei Produktinnovationen, wie lange sie Bestand haben? Etwas kann disruptiv wirken und doch binnen zwei, drei Jahrzehnten wieder vom Markt verschwunden sein. Vermutlich wird es das iPhone und das iPad in ihrer jetzigen Form bald nicht mehr geben. Das iPod gibt es schon seit einigen Jahren nicht mehr. Und doch würde niemand daran zweifeln, dass wir es hier mit disruptiven Entwicklungen zu tun hatten.

Nein, es ist keine Mode, wenn man Mode als Saisonerscheinung definiert: flüchtig, oberflächlich und vom ersten Herbstwind davongeblasen. Denn Design Thinking bringt einige fundamentale soziale Neuerungen in hochkonzentrierter Form zum Ausdruck. Anfangs habe ich das nicht richtig gesehen. Dann habe ich versucht, noch einmal hinzuschauen und genauer zu beobachten. Irgendwann hatte ich das Gefühl, ein paar Muster zu erkennen. Und diese Muster haben etwas zu tun mit der kreativen Revolution, also mit der anderen, der sozialen und kulturellen Seite der digitalen Transformation, deren Augenzeuge wir alle sind: Design Thinking ist ein institutionalisierter Bruch mit bisherigen Routinen und Regeln im Management. Aber es bleibt nicht beim Bruch. Es werden zugleich neue Regeln und neue Routinen eingeführt. Denn der Prozess selbst ist in hohem Maße strukturiert und mit klaren Regeln unterfüttert.

Der Musterbruch

Gebrochen wird mit der klassischen Arbeitsweise des Managements und der Organisation der täglichen Arbeit: anderen Ziele und Entscheidungsvorlagen vorsetzen, die im eigenen Kopf und Büro ausgedacht wurden, Anweisungen geben, in traditionellen Meetingräumen um einen Sitzungstisch herum zusammenkommen, um Entscheidungen durchzusetzen, für das eigene Ressort und die eigene Abteilung kämpfen und sich nach oben absichern, kaum gemeinsames, geteiltes Wissen und kaum gemeinsame Kreativität im Raum entstehen lassen. Dabei zu wenig Zeit haben, dem Kunden zuzuhören, überhaupt dem anderen richtig zuzuhören, sich auf Führungsseminaren immer wieder sagen lassen, dass man doch ein Team sein sollte und die Kommunikation verbessern müsste, sich daran aber im Alltag zu selten halten können. All das wird aufgebrochen, all diese Muster und Rituale werden zumindest für eine gewisse Zeit aufgehoben.

Was tritt an die Stelle? Eine andere Arbeitsweise. Eine andere Organisation des Wissens. Andere Mikrostrukturen. Andere Kommunikationsmuster. Ein anderer Stil. Mit anderen Räumen, anderen Möbeln und anderen Arbeitsmitteln. Mit einer starken Betonung der Interaktion, des Austausches, der gemeinsamen Verfertigung von Gedanken. Unterstützt durch eine Vielzahl von Techniken und Werkzeugen, um Ideen zu visualisieren und die gemeinsam gefundene, vorläufige Lösung sinnlich greifbar zu machen. Flankiert von klaren Spielregeln und Werten, die dafür sorgen, dass man auf den Gedanken der anderen aufbaut und dass Status- und Hierarchieaspekte allenfalls eine untergeordnete Rolle spielen.

Ein neues Zusammenspiel – vom Ich zum intelligenten Wir

Ich bin oft skeptisch, wenn zu laut vom »Wir« geredet wird. »Das Wir gewinnt«, hieß es auch mal im Wahlkampf, und jeder ahnte, dass dies Propaganda war. Ich glaube auch: Die eigentliche Herausforderung dieser Zeit liegt nicht einfach im Wir, sondern im intelligenten Wir. Ein Wir, in dem das Ich nicht ausgelöscht ist, sondern sich gemeinsam mit dem Wir entfalten kann – in der Diversität, in der Verschiedenheit der Geschlechter, der Disziplinen, der kulturellen Prägung, im Anderssein der Individuen, die sich hier gleichberechtigt zusammentun, um etwas Gemeinsames zu schaffen.

Dieses neue Zusammenspiel zu fördern, ist eine der Aufgaben der kreativen Revolution in der digitalen Transformation. Das lässt sich heute in vielen Bereichen, Teams, Start-ups oder Schulen bereits ansatzweise beobachten. Auch in Forschung und Wissenschaft wird die disziplinübergreifende Zusammenarbeit zunehmend gefördert. Es spricht sich herum: Hochkomplexe Aufgaben können nicht mehr von Spezialisten gelöst werden, die sich voneinander abschotten. An der School of Design Thinking scheint mir manches davon besonders ausgeprägt. Interdisziplinarität ist hier für alle eine Voraussetzung, um überhaupt an den Start zu gehen; Transdisziplinarität ist Kennzeichen der Arbeit, sobald man loslegt – die Praxis ist immer mit im Spiel. Und die Teams sind divers zusammengesetzt. Das ist in der täglichen Arbeit nicht immer so einfach. Man muss sich zurücknehmen können und stets wieder neu auf den anderen einstellen. Damit dies gelingt, braucht es nicht nur eine gute Methode, sondern Menschen, die sie verständig und mit Empathie handhaben. Teilnehmer in erster Linie, aber auch Coaches und Leiter. Ich hatte das Glück, in den letzten Jahren einige davon in der D-School kennenzulernen. Wie Claudia Nicolai oder Molly Wilson, die mit großer Professionalität und zugleich spielerischer Leichtigkeit zeigen, wie kraftvoll die Verschiedenheit sein kann, wenn man sie respektvoll gemeinschaftlich formt. »Design thinking teaches us that the best solutions are generated by very diverse teams«, sagt Uwe Raschke, der als Mitglied der Geschäftsführung von Bosch frühzeitig erkannt hat, dass Design-Thinking-Prinzipien das Design der Organisation verändern können.

Von der Innovations- zur Organisationsentwicklung

Was ist also Design Thinking? Eine Innovationsmethode, wie viele sagen? Genauer »eine Arbeitsmethode, die verschiedene Werkzeuge verbindet, um Innovation und Ideenfindung zu unterstützen«, wie es Johannes Meyer und Jochen Gürtler in ihrer kleinen Einführung zu Design Thinking formulieren?

Ja, sicher, das auch. Das ist die ursprüngliche Idee. Aber das allein erklärt nicht den Erfolg. Es ist noch etwas anderes daraus geworden. Die Idee hat sich – und das gehört auch zum disruptiven Charakter dieser sozialen Innovation – in der Begegnung mit der Praxis verwandelt, noch eine weitere Dimension bekommen, die ursprünglich von ihren Erfindern gar nicht intendiert war: Aus dem Projekt »Wie entwickeln wir Innovationen?« ist das Projekt »Wie entwickeln wir Organisationen?« entstanden. Und zwar vernetzt, disziplinübergreifend, co-kreativ. Design Thinking ist die Einübung einer neuen Form, Organisation vernetzt zu denken. Im Kleinen natürlich. Und im Kontext organisationaler Aufgaben der Veränderung, der kulturellen Erneuerung, des Brechens von Routinen.

DESIGN THINKING: von der Entwicklung von Innovationen zur Entwicklung von Organisationen

Diese Bedeutungsverschiebung habe ich mehrmals unmittelbar wahrnehmen können, in Beratungsprojekten in Unternehmen, aber auch im Verlauf der studentischen Projektarbeit an der D-School. Die Studenten arbeiten mit Projektpartnern aus der Industrie, aus der Verwaltung oder aus sozialen Organisationen zusammen. Sie entwickeln Lösungen für die von den Projektpartnern gestellten Aufgaben, die in der Projektarbeit als »Challenges« bezeichnet werden. Vordergründig und zuallererst interessieren sich die Projektpartner für die Ergebnisse, für die erarbeiteten Ideen, Lösungen, Prototypen. Doch je länger die Projektarbeit dauert, desto mehr verschiebt sich das Interesse und andere Fragen treten bei den Partnern in den Vordergrund: Wie arbeiten die hier eigentlich? Warum sehen die Meetings so ganz anders aus? Wie macht man eigentlich so einen Co-Working-Workshop? Wie funktioniert diese interdisziplinäre Teamarbeit? Und: Kann man davon etwas lernen? Was können wir davon möglicherweise auch in der eigenen Organisation anwenden?

Ein anderes Beispiel: Ich war von einem international agierenden Schweizer Unternehmen zu einem Führungskräftemeeting eingeladen worden. Dort sollte ich einen Impulsvortrag halten und anschließend mit den Führungskräften einen Workshop zum Thema Innovation und Disruptive Thinking durchführen. Ich hatte in den Workshop-Teil auch einen kleinen Part zu Design Thinking eingebaut. Während der Arbeit stellte sich heraus: Es ging den anwesenden Führungskräften gar nicht in erster Linie um Innovationen. Es ging ihnen vor allem darum, in ihrer konkreten Arbeitsorganisation ein paar Dinge zu verändern. Und zwar grundlegend zu verändern, weil sie unter erheblichem Druck standen. Sie wollten lernen, anders, kreativer und kooperativer zusammenzuarbeiten. Sie wollten auf neue Gedanken kommen, um in der Operational Excellence besser zu werden. Das wenige, was ich in der kurzen Zeit von Design Thinking vermitteln konnte, half ihnen dabei.

Warum ist das möglich? Wieso diese Bedeutungsverschiebung? Weil bei Design Thinking verschiedene Dinge zusammenkommen, weil mehrere Entwicklungstendenzen dieser Zeit kombiniert und gebündelt werden:

- das vernetzte, co-laborative Arbeiten – ein neues Zusammenspiel
- das agile, schnelle, bewegliche Herangehen
- das experimentelle, explorative, wirklich kundenorientierte (»user-centered«) Vorgehen
- das gute und genaue Beobachten: »Observe, observe, observe«
- das unkomplizierte Visualisieren und Modellieren der Gedanken (»rapid prototyping«)
- ein anderer, kreativer, teilender Umgang mit Wissen und Ideen
- ein anderes, »weicheres« Verständnis von Operationen, Ordnungen, Formaten – ohne Zentralperspektive, spielerischer und mit mehr Betonung der Selbstorganisation

All das wird wie in einem Brennspiegel gebündelt. Hier werden grundlegende Veränderungen dieser Umbruchzeit aufgefangen und in einer einfachen »eleganten Organisation« zusammengeführt. Oder wie es der an der Sorbonne und in Stanford lehrende französische Philosoph Michel Serres einmal ausgedrückt hat: »Das Weiche organisiert und vereinigt diejenigen, die sich des Harten bedienen.«

Das passiert nicht nach dem Plan einer großen Theorie. Es wird einfach gemacht. Design Thinker verstehen sich als Macher. Dabei sind sie meist Auslöser einer Veränderung, die im besten Sinne systemisch genannt werden kann: Sie schmieden keine Stellhebel, sondern sie formen einen Schneeball, den man rollen lässt. Während er herabrollt, wird er größer und größer.

Das Harte und das Weiche

Bei Strukturen denken wir meist an Hartes; bei Organisationen an Festes. Aber das sind Vorstellungen aus der alten industriellen Welt, mit denen jetzt gebrochen wird. Und das ist vielleicht eine der tiefsten Disruptionen dieser Zeit: Die kreative Revolution erfasst die Organisation. Die alten Strukturen zerbrechen wie die Farben in einem Kaleidoskop.

Das hängt mit dem grundlegend anderen Charakter der Technologien und Werkzeuge dieser Zeit zusammen: Sie verstärken nicht unsere physische Kraft. Sie verstärken kognitive Leistungen. Sie unterstützen uns bei der Entwicklung von Ideen. Das erfordert nicht mehr einen großen Apparat von Mehr-Wissern, genannt Management. Das Wissen steckt ja in den neuen Apparaten, die jeder mobil zur Verfügung hat. Es erfordert vielmehr eine andere Art der Entscheidungsfindung und der »Koordination der Koordination unserer Handlungen«, wie es Humberto Maturana einmal genannt hat, eine zugleich beweglichere und feiner strukturierte Kommunikation, sehr viel mehr Achtsamkeit und kollegialen Erfindungsreichtum. Übrigens erscheint vor diesem Hintergrund das desaströse Scheitern bekannter Großprojekte in Deutschland vielleicht noch in einem anderen Licht. Es gab zu viel von den alten Strukturen. Sie hätten vorher gebrochen werden sollen. Aber das nur am Rande.

Ich werde häufig gefragt: Warum sind manche der neuen kreativen und kollaborativen Methoden der Zusammenarbeit eigentlich so erfolgreich? Nach meiner Beobachtung deshalb, weil ihre besten Protagonisten einerseits die Techniken der neuen digitalen Welt souverän handhaben und sich gleichzeitig davon lösen, sich dagegen auflehnen. Sie agieren disruptiv im besten Wortsinne. Spielerisch, mental, emotional. Hier entsteht etwas so nicht vorher Geplantes. Das ist wie gute Rockmusik. Ohne Elektro nicht machbar, aber dennoch immer von Hand gemacht und jederzeit bereit, sich den Konventionen und Algorithmen zu entziehen. Like a Rolling Stone. Oder wer Prince lieber mag: »A strong spirit transcends rules.«

So wird das alte, antikreative Mauerwerk der Organisation aufgesprengt. Zumindest an den Rändern. Und dabei passiert noch etwas: Die meisten Manager empfinden dies nach anfänglicher Irritation als Erleichterung, als emotionale Befreiung. Der Druck, der im normalen Business-Alltag auf den meisten lastet, nimmt ab. Wenigstens für eine gewisse Zeit. Und vielleicht noch wichtiger: Diejenigen, die sich auf die zunächst ungewohnten Spielregeln und Methoden einlassen, entwickeln ein neues Selbstvertrauen in ihre eigenen kreativen Fähigkeiten – »creative confidence«, nennt das David Kelley.

Es geht also um die Einübung einer neuen Form, Organisation vernetzt zu denken. Wenn das immer wieder geübt wird, geht es in Fleisch und Blut über. Dann muss das nicht mehr unbedingt mit irgendeinem Begriff verbunden werden. Man redet auch nicht mehr drüber, man macht es einfach. Man fühlt sich in seinem Element. Wie in der wunderbaren Geschichte, die Ken Robinson gerne erzählt:

Zwei junge Fische schwimmen einen Fluss hinab, als ein älterer Fisch an ihnen vorbei in die entgegengesetzte Richtung schwimmt. Er sagt: »Guten Morgen, Jungs. Wie ist das Wasser?« Sie lächeln ihn an und schwimmen weiter. Nach einer Weile wendet sich der eine junge Fisch zum anderen und fragt ihn: »Was ist Wasser?« Für ihn ist sein natürliches Element so selbstverständlich, dass er noch nicht einmal weiß, dass er sich darin befindet. Und dafür auch keinen extra Begriff braucht.

Kleiner Exkurs: Eine Welt ohne Macht und Hierarchie?

Wird deshalb die klassische, funktional und vertikal gegliederte Großorganisation ganz verschwinden? Vermutlich nicht von heute auf morgen. Bedeutet es das Ende der Hierarchie? Ich bin mir nicht sicher. Das alte Command & Control hat eigentlich ausgedient. Es wird dysfunktional. Aber mancherorts werden die alten Rüstungen des Autoritären gerade wieder aus dem Fundus geholt.

Werden die bekannten Machtspiele, die kleinen Wichtigtuereien und Hinhaltetaktiken, die in Organisationen so oft zermürbend wirken, der Vergangenheit angehören? Wahrscheinlich nicht. Aber sie können durch gute Spielregeln eingedämmt werden.

Meine zögernden, nicht eindeutigen Antworten zeigen: Die klaren Positionen und Fronten brechen auf. Es kommt etwas in Bewegung. Die Diskussion hat gerade erst begonnen. Und nicht nur die Diskussion, sondern was viel wichtiger ist: Das Experimentieren hat begonnen. In einer Reihe von Unternehmen sagen Chefs und Mitarbeiter: Lasst uns ausprobieren, ob wir es nicht anders machen können als bisher – demokratischer, freier, kollegialer. Vielleicht können wir etwas von dem, was wir in der kreativen Zusammenarbeit in unseren agilen Projekten gelernt haben, übertragen auf dauerhaftere Strukturen, auf unsere Entscheidungsfindung, auf die Art und Weise, wie wir Hierarchie organisieren, anders organisieren, transformieren können. Wie etwa in der erfolgreichen Innovationsschmiede Dark Horse. Wie im kalifornischen Unternehmen Morning Star. Wie im Schweizer IT-Unternehmen Haufe-Umantis. Wie bei den hhpberlin-Ingenieuren für Brandschutz. Oder wie im schwedischen Unternehmen Spotify, das den gleichnamigen Musikstreaming-Dienst anbietet.

Gerade das Thema Entscheidungsfindung wird in den kommenden Jahrzehnten Organisationsentwickler verschiedener Schulen – und vor allem alle Mitarbeiter, die selbst die Organisation entwickeln – intensiv beschäftigen. Was bedeutet es, Entscheidungen nach unten zu verlagern? Wie sieht das konkret aus? Wie können wir die Prozesse der Entscheidungsfindung zugleich beschleunigen und vereinfachen? Wie weit helfen die Modelle der sogenannten Holokratie oder der Soziokratie? Sind das auch Modelle für große Organisationen? Für Aktiengesellschaften? Für politische Organisationen? Welche Widersprüche entstehen da? Wie gehen wir damit um?

Ein historischer Vergleich

Man kann an vielen Stellen beobachten, wie die kreative Revolution die Organisation erfasst. Mit unterschiedlichen Formaten, Methoden und Spielregeln. Die Stichworte der Selbstzuschreibung lauten: Selbstorganisation, Agilität, Diversität, Sharing, Collaboration, experimentelles Arbeiten, New

Work, Entrepreneurial Organization, evolutionäre Organisation, WeQ (eine neue Wir-Qualität), Soziokratie oder Holokratie.

Da entsteht aus unterschiedlichen Quellen eine mächtige soziale Bewegung, eine disruptive Bewegung für Organisation und Management. Alte Formen werden gebrochen. Das Neue experimentiert, mischt sich, geht neue Verbindungen ein.»Experimentiert« heißt, es werden Anfänge gemacht. Was daraus wird, wissen wir nicht.

Mir scheint, dass sich hier etwas Ähnliches ereignet wie in der modernen Kunst. Neues bricht auf und manifestiert sich in neuen Stilen, die miteinander wetteifern, voneinander lernen und sich wieder zu Neuem mischen. In meinen Augen erscheinen manche der neuen Ansätze wie der Impressionismus oder der Pointillismus, die Ende des 19. Jahrhunderts und zu Beginn des 20. Jahrhunderts den Weg bereitet haben für die klassische Moderne. Oder wie der New Orleans, der erste voll ausgebildete Stil in der Geschichte des Jazz, der so viele spätere Stilrichtungen beeinflusste. Es werden andere kommen, die sich von den bisherigen Stilvorgaben lösen, die möglicherweise freier agieren und manches neu kombinieren (beispielsweise agile Methoden mit systemischer Reflexion), die vielleicht noch bewusster mit unterschiedlichen Formen und Symbolen spielen können. Die in neuer Weise vernetztes Denken, Pragmatismus, Kritik, Schönheit und Sinn kombinieren werden. In einer nahen Zukunft, in der pure Effizienz etwas ist, was wir mehr und mehr anderen überlassen werden, die das besser berechnen können. Es werden neue Programme und Manifeste geschrieben werden. Aber die Besseren unter ihnen werden sich alle an ihre Wurzeln erinnern.

Dieser Vergleich hat Gründe. Es gibt formale Ähnlichkeiten und einige historische Parallelen: So wie sich die Kunst am Ende des 19. und zu Beginn des 20. Jahrhunderts erneuerte, sich befreite von bis dahin gültigen, als starr empfundenen Regeln, beginnt die Organisation der Wirtschaft, zu Beginn des 21. Jahrhunderts Fesseln abzustreifen. Die Kunst bzw. die gestalterischen Disziplinen scheinen dabei einmal mehr Vorreiter zu sein. Mehr noch: Manches, was bisher eher der Domäne des künstlerischen Schaffens zugeordnet wurde – wie etwa das Design –, wird vom System der Wirtschaft aufgesogen, für die eigenen Anforderungen fruchtbar gemacht. Joseph Beuys hätte sich das in dieser Form nicht denken können: Das Kreative rückt ins Zentrum des wirtschaftlichen Geschehens vor. In co-kreativer Form. Das ist nicht mehr etwas Randständiges, wie sich das manche Behörden vorstellen, wenn sie altväterlich von der Kreativwirtschaft sprechen. Nein, hier findet eine Verschiebung und ein Crossover statt. Ermöglicht einerseits durch die neuen Technologien, Medien und Geräte, andererseits durch ein neues Lebensgefühl der Generationen, die nicht mehr einsehen, warum sie im Büro anders arbeiten sollen als sonst. Und die wissen: »Talents don't need organizations as much as organizations need talents«, wie die Personalexpertin Frauke von Polier sagt, die sowohl bei Otto als auch bei Zalando gelernt hat, sich um beides zu kümmern.

Eine widersprüchliche Realität

»Es wird experimentiert« heißt: Die Dinge brechen auf, es gibt Differenzierungen, neue Variationen. Aus den alten Entweder-oder-Positionen werden neue Kombinationen. Widersprüche werden lebendig. Man könnte auch sagen: Disruptive Thinking wird elementar für Führung und Organisation – der bewusste, kreative Umgang mit Widersprüchen. Ohne Verklärung der einen oder der anderen Seite.

Denn auch die neue, sich gerade herausbildende Welt wird voller Menschen sein, die gern ihren Macht- und Einflussbereich vergrößern wollen, nur mit neuen Mitteln. Auch und gerade die neue digitale Welt kennt Organisationen, die gar nicht daran denken, demokratisch zu sein, und deren Eigentümer »Empowerment« gezielt anders buchstabieren: als Ermächtigung der Mächtigen, noch mächtiger zu werden. Das wird uns später noch einmal beschäftigen.

Das gehört zu den Lektionen, die alle Rebellen in allen Epochen lernen mussten: Paradoxiefreie Organisationen taugen nur für einen Sommer. »Nothing golden can stay«, wusste schon der amerikanische Dichter Robert Frost. Der Idealismus ist ein guter Energiespender, aber ein schlechter Stratege und ein miserabler historischer Ratgeber. Neue soziale Entwicklungen treten, auch wenn sie fundamental andere Strukturprinzipien verkörpern, nicht einfach an die Stelle der bisherigen, lösen sie nicht einfach ab. Soziale Umbrüche funktionieren nicht wie der Modellwechsel von Automobilen. Vielmehr überlagert das Neue das Alte, vermischt sich, geht mit ihm neue, mannigfaltige, heute würde man sagen: »hybride« Verbindungen ein.

Doch zunächst steht das Neue im Widerspruch zum Alten. Es wird als etwas Fremdes empfunden. Das Alte – die alte Organisation, das alte System – reagiert ähnlich wie ein Organismus: Es wird versuchen, das Neue abzustoßen oder – wenn ihm dies nicht gelingt – es zu absorbieren.

Dies ist der alltägliche Widerspruch und in vielen Organisationen das eigentliche Problem. Das aber nicht offen zutage tritt, weil die Vertreter der alten Welt mit Recht darauf hinweisen, dass Routinen, langweilige, mühsame, oft widrige Routinen nun einmal das sind, was die alltägliche Arbeit ausmacht. Die eigentlichen Helden der Arbeit sind diejenigen, die langweilige Tätigkeiten ausführen. Sie sind es, die den Laden am Laufen halten. Sie sorgen dafür, dass unsere Infrastrukturen funktionieren. Sie besitzen die funktionale Kompetenz, hoch komplizierte und manchmal hochkomplexe Prozesse zu steuern. So wie professionelle Manager dafür sorgen, dass das Zusammenspiel der Systeme funktioniert, dass Leitplanken gesetzt werden, dass die Prozesse reibungslos und verlässlich ablaufen und vor allem, dass die Dinge geregelt werden – to get things done.

Die drei Prüfungen

Diesen Widerspruch zu meistern, ist deshalb eine Kernaufgabe des Disruptive Thinking und eine Kernaufgabe der künftigen Führung. Es ist gleichsam die »Meisterprüfung« für alle, die künftig Organisationen führen wollen. Und diese Meisterprüfung besteht aus drei Teilprüfungen.

Die erste Prüfung: Die »ganz oben« müssen das Neue nicht nur zulassen, sondern es wollen. Sie müssen den Neuerern Rückendeckung geben und ihre »schützende Hand« über sie halten. So wie Uwe Raschke, der sich bei Bosch die Frage stellt: »Was ist eigentlich die künftige Existenzberechtigung großer Organisationen?« Zusammen mit seinen Kollegen unterstützt er die Bildung kleinerer, vernetzter Einheiten und setzt dabei auf Design Thinking als Katalysator. Er betont, dass die »Neuen« nicht gegen die alte funktionale Organisation arbeiten, sondern mit ihr gemeinsam. Deshalb gilt es, auch deren funktionale Kompetenzen in die neuen Einheiten zu integrieren. »Funktionale Exzellenz« heißt das bei Bosch.

Die zweite Prüfung: Menschen fördern, die »zweisprachig« denken und beidseitig agieren können, die sowohl in der neuen Welt als auch in der alten Welt zu Hause sind, das heißt, sich hier wie dort fließend verständigen können. Sie sollten in der Lage sein, auch in schwierigen Situationen Übersetzungsleistungen zu erbringen.

Diese Akteure werden überall gebraucht. Ich nenne sie die »T-Leader«. Das T steht zunächst für die sogenannten »T-shaped People«: Menschen, die eine fachliche Tiefe und Expertise entwickelt haben und zugleich interdisziplinär, übergreifend denken können. Es steht des Weiteren für die Beidseitigkeit, für das Sowohl-als-auch, für die sogenannte »Ambidextrie«, für die Fähigkeit, Widersprüche fruchtbar zu machen: Der waagerechte obere Balken verbindet zwei Welten – die alte Welt und die neue Welt.

ÜBERALL
gebraucht für die
VERBINDUNG
der zwei Welten:
T-LEADER

Das T steht schließlich und vor allem für die Transformation, für die Fähigkeit, tatsächlich zweisprachig zu denken und zu übersetzen, für die aktive Umgestaltung, die Verwandlung der alten Welt in die neue – ohne missionarischen Eifer. Solche T-Leader werden in Zukunft in vielen Organisationen eine wichtige Rolle spielen. Insbesondere wenn sie als ein Team auftreten, das die Organisation auf ihrem Weg der Transformation mit Methoden und Werkzeugen unterstützt. Wie zum Beispiel der »Shareground« der deutschen Telekom, ein Team von Coaches und Facilitators, die im Unternehmen ein hohes Ansehen genießen.

Die dritte Prüfung schließt an die zweite an. Sie beginnt mit einer Frage: Agieren die neuen Akteure wirklich als Partner der alten Organisation und nicht etwa als Konkurrenten? Verstehen sie es, mit ihren Fähigkeiten, mit ihrer Empathie und mit ihrem Methodenwissen den anderen zu helfen? Verstehen sie sich mithin als Unterstützer, arbeiten sie »human-centered« oder »user-centered« – in diesem Fall mit Blick auf die Mitarbeiter anderer Bereiche und Abteilungen der alten Organisation? Schaffen sie Wert für die anderen?

Exemplarisch genannt sei hier Claudia Kotchka, die zu den Pionieren des Design Thinking im Management in den USA zählt, als sie bei P & G die nicht eben einfache Aufgabe bekam, die Innovationskultur entwickeln zu helfen. Sie schickte eine Dialog-Einladung an alle Business-Leader mit der Frage: Was sind die schwierigsten, härtesten Probleme, die sie beschäftigen? Gleichzeitig bot sie an, ihnen zu helfen, diese Probleme zu lösen. Dazu gründete sie einen Innovationsfonds und lud die interessierten Business-Leader zu einer Lernreise bzw. Problemlösungsreise gemeinsam mit erfahrenen Innovatoren ein. Auf diese Weise wurden konkrete Lösungen entwickelt und zugleich die Organisation lösungsorientiert weiterentwickelt.

Diese dritte Prüfung ist vielleicht die schwierigste, weil sie mühsam ist und ganz kleine Schritte erfordert. Denn die Kolleginnen und Kollegen der traditionellen Organisation sind natürlich zunächst einmal skeptisch. Sie lassen sich nicht durch schöne und große Worte von dem abbringen, was sie über Jahrzehnte hinweg gelernt haben. Sie sind nur dann bereit, ihre Routinen zu brechen, wenn sie spüren, dass ihr Gegenüber ihre Sprache spricht (siehe Punkt 2) und wenn sie sich persönlich wiederfinden in dem Neuen und sich in den Prozess selbst einbringen können. Dementsprechend habe ich beobachtet, dass gute T-Leader Meister darin sind, mit Fragen zu arbeiten, im Dialog jeden Einzelnen nach seinen Bedürfnissen, Sichtweisen, Erfahrungen zu fragen. Ganz ausführlich. Es kann dauern, bevor auch nur der erste Stein des Gebäudes einer neuen Organisation gesetzt wird.

Die drei Paradoxien

Alle drei Prüfungen haben etwas mit Paradoxien zu tun:

Du musst viele kleine Schritte tun, wenn du einen großen Sprung nach vorn machen willst. Wer Größeres will, muss klein anfangen.

Du musst ganz langsam arbeiten, wenn du schneller werden möchtest. Wer der Schnellste sein will, muss sich viel Zeit nehmen, es zu werden.

Du musst sehr individuell arbeiten, auf jeden Einzelnen persönlich zugehen, wenn du eine größere Veränderung der Organisation anstoßen willst. Wer Vernetzung will, muss den Einzelnen hören.

»Wir sollen uns fragen, was können wir tun, um Selbstorganisation zu ermöglichen«, sagte Urs Bolter beim 1. Potsdamer Gespräch 2017. Er begleitet gemeinsam mit seinem Team seit Jahren beim Vorarlberger Familienunternehmen und Hidden Champion Julius Blum die Organisationsveränderungen und legt besonderen Wert darauf, bei jedem größeren Schritt das Votum jedes einzelnen Mitarbeiters einzuholen. Das scheint mühsam, aber es ist gerade deshalb so wirksam.

Viele Organisationen legen große Veränderungsprogramme auf, aber sie versäumen es, den Einzelnen zu fragen, wie er die Veränderung sieht und wo er sich selbst darin sieht. Sie glauben, dies sei effizient. Aber sie irren sich. Dieses Versäumnis rächt sich. Es kostet unglaublich viel Geld und Nerven. Mehr noch: Sie verlieren den einzelnen Mitarbeiter. Das lässt sich später kaum noch korrigieren. Je mehr die Vernetzung fortschreitet, desto wichtiger wird der Einzelne.

Zwei junge Menschen, Buddy und seine Freundin, gehen in den *Weihnachtserinnerungen* von Truman Capote in den Wald, um einen Baum zu schlagen. Als sie mit ihm zurückkommen, will der reiche Mühlenbesitzer des Ortes ihn sofort kaufen, weil er so gut gewachsen ist. Er sagt, die beiden könnten sich ja einen neuen schlagen. »Das bezweifle ich«, sagt Buddys Freundin. »Es gibt alles nur ein Mal.«

Design Thinking, Scrum, Lean Start-up, FastWorks

Ich habe über »Routinen und Nichtroutinen« gesprochen und dabei immer wieder Design Thinking erwähnt. Dies ist exemplarisch zu verstehen. Ich wollte an einem Beispiel konkretisieren, was die gerade beginnende kreative Revolution nach meiner Beobachtung auszeichnet. Ich sollte hinzufügen: Dies ist natürlich nicht in einem ausschließlichen Sinne gemeint. Es gibt hier kein Reinheitsgebot.

Manche Unternehmen »hacken« Design Thinking so lange, bis es zu ihren Erfordernissen und ihrer Kultur passt. Andere freunden sich mit der aus dem Design Thinking hervorgegangenen Vorgehensweise von Dark Horse an, wie sie in dem anschaulichen Handbuch *Digital Innovation Playbook* beschrieben wird. Mit den drei Modulen »Explore«, »Create«, »Evaluate« und einer Art Dashboard, sodass sich Akteure der »alten« und der »neuen« Organisation auf einen gemeinsam entstehenden Wissensraum beziehen können. Analog und digital. Ein Beispiel, das zeigt, wie kreative Revolution und digitale Transformation ineinanderspielen, wenn beides gut verstanden und gemacht wird.

Manche nutzen andere agile Arbeitsweisen und Methoden, die aus dem Scrum-Modell abgeleitet wurden, einer aus der Softwareentwicklung stammenden agilen Arbeitsweise, die längst ihre ursprüngliche Nische verlassen und viele andere Bereiche der Organisation erobert hat. Oder sie nutzen das sogenannte Lean-Start-up-Thinking mit den drei einfachen Prinzipien »learn, build, measure«. Zum Beispiel der US-Konzern General Electric: Hier wurde ein eigenes Programm der agilen Arbeit entwickelt, das aus dem Lean-Start-up-Thinking abgeleitet wurde. Es nennt sich »FastWorks«. In den vergangenen Jahren wurde die gesamte Organisation mit FastWorks konfrontiert; Tausende Mitarbeiter wurden trainiert. Auch hier ist der »User« der Ausgangspunkt und Endpunkt. Es wird iterativ, schnell und agil gearbeitet, wobei möglichst rasch greifbare Prototypen entwickelt werden (MVP heißen diese bei GE). Und es wird – typisch für GE – viel gemessen.

Es gibt viele Gemeinsamkeiten zwischen Design Thinking, Scrum, der Lean-Start-up-Bewegung und dem FastWorks-Ansatz – und es gibt ähnliche Beweggründe, es damit zu versuchen:

- schneller werden wollen und beweglicher agieren können – einfacher etwas anfangen dürfen
- die Selbstorganisation in der Organisation stärken, auf allen Ebenen selbstorganisierter arbeiten und entscheiden können
- experimenteller arbeiten und organisieren können, etwas ausprobieren dürfen und schnell zu Prototypen kommen

All diese Aspekte eint ein verbindendes Muster: Es ist das »Explore«, das »Wir-wollen-Neuland-Erkunden« als Arbeits- und Organisationsprinzip. Und dieses Explore steht auf der Seite der Nichtroutinen. Im Unterschied zum »Exploite« auf der Seite der Routinen der Organisation. Explore und Exploite – beide Seiten sichern die Existenz der Organisation. Die eine sichert die effiziente Abwicklung und das laufende Geschäft, die andere die Entwicklung neuer Ideen und damit der Zukunft. Beide wirken zusammen wie ein endlos geflochtenes Band. Dieses Wechselspiel bestimmt den Rhythmus der Organisationen.

Momentan, so scheint es, ist die Exploite-Seite meist noch die dominante – ausgeprägter und stärker in jeder Hinsicht: im Hinblick auf die Zahl der beschäftigten Menschen, auf die Anzahl der Stellen und der zu erledigenden Aufgaben wie auf die Bedeutung, die ihr in der Organisation zugemessen wird. Zumal in vielen Fällen das Explore auch nur deshalb unternommen wird, um auf der Seite des Exploite besser zu werden, die Effizienz zu steigern, noch mehr rauszuholen.

Wird das so bleiben? Es scheint plausibel. Aber ist es das wirklich? Oder stehen wir auch hier vor einer Disruption? Eine schleichende Disruption, die aber möglicherweise stärker und einschneidender ist als alles, was wir uns bisher vorstellen konnten?

Die kommende Disruption

Die kommende organisationale Disruption hat mit dem Kern der digitalen Transformation zu tun: mit der ungeheuren Leistungssteigerung der digitalen Maschinen. Sie nehmen uns schon jetzt viel ab. Sie werden uns noch mehr abnehmen. Sie können vieles besser.

Routinen können sie besser. Effizienz können sie besser. Alle Tätigkeiten, bei denen es darum geht, eine Folge von berechenbaren Schritten ohne Qualitätseinbuße noch schneller auszuführen, werden über kurz oder lang von ihnen übernommen. Ja, sie werden sogar noch Verbesserungen der Abläufe vorschlagen, wenn sie über genügend Daten verfügen – und sofern sie als selbstlernende Systeme konstruiert wurden, was bald eine Selbstverständlichkeit sein dürfte. Effizienz weiterhin Menschen zu überlassen, wird irgendwann schlichtweg zu ineffizient.

Prozessoptimierung, bislang noch eine Domäne des Managements, wird mehr und mehr zu einer Sache der digitalen Technik. Was Amazon kann, müssen wir doch auch können, so denken viele. Etwa in der Versicherungswirtschaft. Können die Prozesse der Schadenbearbeitung nicht radikal verkürzt werden? Alle namhaften Versicherer, von Allianz bis R+V, arbeiten seit Langem an diesem Thema. Doch das geht nur mit digitaler Technologie, möglicherweise gekoppelt mit KI, irgendwann vielleicht auch mittels der Blockchain-Technologie. Auch wenn das Letztere noch Zukunftsmusik ist – die Automatisierungswelle ist nicht mehr zu stoppen. Der Automat ist schneller. Die Automatisierung der Schadensprozesse bringt Kosteneffizienz und spart Zehntausende Arbeitsstunden ein.

Dem Sachbearbeiter wird es ergehen wie dem Arbeiter in der Produktion. Vielen Spezialisten wird es so ergehen. Vielen Managern wird es so ergehen. Zugespitzt formuliert: Der ganze Exploite-Teil der Organisation wird wegbrechen. Jedenfalls sofern wir unter »Organisation« die von Menschen ausgeführte Organisation verstehen, mit Funktionen, Stellen, Kästchen, Rollen, Aufgaben etc., die von Menschen zu besetzen und zu erfüllen sind. Und wenn wir uns von dieser Vorstellung lösen, müssen wir wohl Organisationsentwicklung neu definieren. Wir sollten auch die Mitarbeiter- und vor allem die Führungskräfteentwicklung neu durchdenken. Besser jetzt, als wenn es für viele zu spät ist: Wer jetzt noch die Programme der Führungskräfteausbildung in erster Linie auf Effizienz trimmt, setzt auf ein totes Pferd. Er oder sie sollte besser in »intelligente« Maschinen investieren und auf der anderen Seite das kreative Potenzial der Organisation stärken.

Und damit sind wir bei einem Schnittpunkt zwischen kreativer Revolution und digitaler Transformation. Es ist der Schnittpunkt, der disruptives Denken besonders anschaulich macht. Hans-Christian Boos, der zu den führenden KI-Entwicklern in Deutschland gehört, formuliert das so: »Das Denken macht den Unterschied, aber dazu muss man erst einmal kommen. Wenn der halbe Laden in Routinen erstickt und die altersschwache IT am Laufen hält, ist wenig Zeit, Neues zu entwickeln. Deshalb müssen wir automatisieren und Routinen an Maschinen übertragen, um Raum zum Denken zu schaffen.«

AUTOMATISIEREN, um **Raum zum Denken** zu schaffen

Natürlich gilt das alles cum grano salis: Auch eine Organisation, die stark von Maschinen bestimmt wird, braucht Menschen, die sie steuern. Manche sagen: die mit ihnen kooperieren. Mit viel IT-Know-how, KI-Kenntnissen und möglichst systemisch-kybernetischer Kompetenz sowie vor allem mit gutem Urteilsvermögen. Und auf der anderen Seite brauchen die kreativen Explorer und Innovatoren ein Verständnis für die weitgehend von den Maschinen bestimmten Routineprozesse und Abwicklungsvorgänge sowie ein Gespür für die Erfordernisse der Effizienz.

Vielleicht wird in diesem sich neu ausbalancierenden Wechselspiel irgendwann auch die Kategorie des Exploite selbst hinterfragt. Möglich, dass sich mehr und mehr Unternehmen fragen: Wollen wir das Exploite noch? Im buchstäblichen Sinne? Empfinden wir Ausnutzung oder Ausbeutung als sinnvoll, zukunftsfähig, nachhaltig? Oder steckt nicht in dem Wort noch eine alte, industriegesellschaftliche Denkweise, die zwar viel mit Zerstörung, aber wenig mit Schöpfertum zu tun hat?

Können große Organisationen agil sein?

Manche Beobachter glauben sogar, die Gegenüberstellung von Exploite und Explore sei heute bereits überholt. Der Autor und Berater Gary Hamel gehört zu ihnen. Er ist der Auffassung, auch große Organisationen könnten sich heute schon komplett in agile Organisationen verwandeln, die er »postbürokratisch« nennt, die vollständig von kreativen, selbstorganisierten Teams bestimmt sind. Auf dem 8. Peter-Drucker-Forum hat er diese Ansicht im Rahmen einer Diskussion zum Thema »Can Big Organizations be Agile?« noch einmal mit Verve wiederholt. Ich glaube, dabei auch eine kleine Spitze gegen John P. Kotters Ansatz der dualen Organisation herausgehört zu haben. In dieser Kontroverse will ich nicht Partei ergreifen. Mir scheint, sie ist Ausdruck des oben beschriebenen Wetteiferns der neuen Formen und Stile.

In einem Punkt hat Gary Hamel sicher recht: Es gibt schon einige Beispiele für eine durchgängig andere, agile Arbeitsweise von Organisationen. Es sind meist solche, die bereits von ihren Gründern einen unkonventionellen, kreativ-unternehmerischen Geist mitbekommen haben. Dazu gehört etwa das amerikanische Unternehmen W. L. Gore & Associates, das seit 60 Jahren auf das Prinzip der Selbstorganisation setzt. Mit durchgängigem unternehmerischen Erfolg. Oder das schon genannte Unternehmen Spotify, das von Anfang an mit einer völlig neuen Organisationsstruktur experimentiert und darauf baut, dass die interdisziplinär besetzten Teams, genannt Squads, agil agieren und (weitgehend) autonom entscheiden können. Bei immerhin mehr als 2500 Beschäftigten und extrem schnellem Wachstum. Nach dem Motto ihres Firmengründers Daniel Ek: »Man muss kluge Köpfe nur machen lassen.« Oder Riot Games, eine Firma, deren Namen vermutlich weniger Leser kennen werden. Dabei ist sie das weltweit führende Unternehmen in dem am schnellsten wachsenden Sport-Business, dem E-Sport. Mit ebenfalls mehr als 2500 Mitarbeitern. Mit einer agilen, teamorientierten Arbeitskultur, zu der gehört, dass niemand irgendjemandem eine Anweisung geben kann. Man muss andere überzeugen. Vor allem davon, dass der eigene Vorschlag der sogenannten Player-Experience dient.

Die beiden letztgenannten Firmen kommen aus der IT-Branche (im weitesten Sinne). Hier ist die agile Bewegung ja auch entstanden. Aber das ist nicht unbedingt eine zwingende Voraussetzung. Ebenso wenig wie ein westeuropäischer oder US-amerikanischer Ursprung. Da gibt es nämlich noch Haier.

Ecosystem für Entrepreneure

Der Name Haier leitet sich von der zweiten Silbe des Wortes Liebherr ab. Das Unternehmen mit heute rund 70 000 Mitarbeitern ging aus einer Kooperation mit Liebherr hervor. Es wurde 1984 im chinesischen Qingdao gegründet und ist ein Weltmarktführer für Haushaltsgeräte. Haier hat schon vor über einem Jahrzehnt damit begonnen, die Organisation komplett umzukrempeln. Sie nennen ihr Modell »Rendanheyl«. Ren steht für die Mitarbeiter, Dan für die Kunden, Rendanheyl für die Verbindung von beiden.

Haier versucht Selbstorganisation, Entrepreneurship und den Plattformgedanken in neuer Weise zu verknüpfen. Der Chairman der Haier Group, Zhang Ruimin, sagt, er habe bislang in großen europäischen oder US-Unternehmen nichts gefunden, was mit diesem Ansatz vergleichbar wäre. Er spricht von einer Disruption und versucht diese Disruption historisch einzuordnen: »Max Weber's hierarchical bureaucracy is a pyramid-like structure adopted by traditional companies, military and government organizations. Here at Haier, we are building an ecosystem for entrepreneurs. There are no hierarchies, only three categories of people. They don't have higher or lower positions or rankings. The only difference is the user resources they command and create. The first category is the platform owner. The second category is the micro-enterprise owner. The third category is the employee-turned-entrepreneur. These people form an organization that is making concerted efforts to provide best-in-class user experience.«

Das ist eine Selbstbeschreibung. Grandios und rigoros, zweifellos. Doch vielleicht sind unsere Vorstellungen manchmal zu klein? Gefangen in den Rastern unseres alten europäischen Weltbildes? Der Chef eines chinesischen Konzerns, der sich auf Max Weber bezieht, um im Kontrast zur Sicht eines großen deutschen Soziologen des 20. Jahrhunderts seine Perspektive der Organisation des 21. Jahrhunderts zu entwickeln, ist das nicht eine Herausforderung?

Man mag einwenden: Haier, Spotify, W.L. Gore etc. – das sind immer noch Ausnahmen. In der Regel werden agile Methoden und Formate bislang eher in Teilbereichen oder gar Randbezirken großer Organisationen eingesetzt. Aber sie beginnen sich auszubreiten. Sie haben eine große Ausdehnungskraft. Sie ermöglichen es, in einem schnellen digitalen Umfeld »leichtfüßiger« zu agieren und rascher auf sich verändernde Kundenbedürfnisse einzugehen. Und diese Leichtfüßigkeit wirkt befreiend. Zumindest wird das so von vielen empfunden.

Design Thinking, Scrum und andere agile Ansätze sind kleine *Befreiungsübungen* – unter widersprüchlichen, manchmal extrem widrigen Bedingungen. Es sind Versuche, den Druck und die Zwänge der alten industriegesellschaftlichen Arbeitsformen zu lockern. Die Frage ist: Lässt sich das skalieren? Können und wollen wir das? Auch wenn einem der Wind oft ziemlich heftig entgegenweht? Wer geht da wie voran?

Vormachen, aber sich nichts vormachen

Ja, es gibt einige, die vormachen, wie es gehen könnte, die es verstanden haben, die neuen Prinzipien der Zusammenarbeit in ihrer Organisation konsequent zu etablieren. Vor allem deshalb, weil sie Menschen an der Spitze haben, die diese Prinzipien selbst verkörpern, sie wirklich authentisch leben. Und »authentisch« heißt: nicht glatt, nicht stromlinienförmig, nicht stets irgendeinem Idealbild nacheifernd.

Unternehmen können ein Umfeld schaffen, das »eine authentische Haltung ihrer Führungskräfte und Mitarbeiter begünstigt«, wie Eberhard Hübbe und Lars Förster in einer Studie von goetzpartners herausgefunden haben. Und ich füge hinzu: Es ist nach meiner Beobachtung meist das gleiche Umfeld, das Achtsamkeit fördert. Denn Achtsamkeit heißt, sich nicht nach Äußerlichkeiten zu richten, sich nicht von PowerPoint-Heros und nicht vom Strudel der Ereignisse überwältigen zu lassen, sondern ganz bei sich zu sein und zugleich den Blick für andere zu haben und für das, was sich gerade zu entwickeln beginnt. Herbert Schreib nennt das:»innere Stärke für unsichere Zeiten«. Authentizität, Achtsamkeit und Agilität gehören deshalb nach meiner Beobachtung zusammen. Auch wenn dies im Alltag nicht ohne Reibung abgeht.

Denn in der Realität sind alle Organisationen widersprüchlich – nicht anders als wir selbst, wenn wir uns selbstkritisch betrachten. Der große Selbstprüfer Michel de Montaigne behauptete einmal von sich, alle Widersprüche zu besitzen, die man sich vorstellen könne:»Ich finde in mir alle einander entgegengesetzte Eigenschaften, nach einer gewissen Reihe, und auf gewisse Weise.«

Organisationen sind dazu da, Widersprüche professionell zu strukturieren und nach Möglichkeit zu integrieren. Das ist einer der Gründe, warum es in der klassischen arbeitsteiligen Organisation eigenständige Bereiche gibt, zum Beispiel für Personal und Finanzen: Sie haben nicht nur unterschiedliche, sondern oft sich widersprechende Aufgaben. Die Ausdehnung des einen bedeutet meist eine Einschränkung des anderen. Mehr Ausgaben für Personal widersprechen unmittelbar den Kostenzielen von Finance. Sparprogramme gehen häufig auf Kosten von Personal etc. Nur in einem höheren, langfristigen Sinne lassen sich diese Ziele vereinen. Weshalb es so wichtig ist, dass Organisationen eine gemeinsame langfristige Zielsetzung entwickeln und über den Sinn und Zweck ihres Daseins nachdenken.

Organisationen müssen WIDERSPRÜCHE strukturieren und integrieren

Auch in den vernetzten Organisationen der neuen Welt existieren diese Widersprüche. Sie gehen hier nur oft genug durch ein und dasselbe Team oder durch ein und dieselbe Person. Daher wird es noch wichtiger als bisher, sie respektvoll und gekonnt auszubalancieren. Was übrigens schon immer zum Kernverständnis systemischer Organisationsentwicklung gehörte.

In den kommenden Jahrzehnten werden, so meine Vermutung, die Widersprüche in vielen Organisationen eher noch stärker werden. Und zwar gerade weil die kreative Revolution auch die klassische Organisation erfasst. Wenn die Idee bei Daimler aufgeht, dass 20 Prozent der Mitarbeiter künftig in einer neuen, vernetzten »Schwarmorganisation« arbeiten werden, bleiben immer noch 80 Prozent, die in den alten Strukturen weiterarbeiten. Und Daimler gehört hier schon zu den Vorreitern. Man muss sich nur einmal die tägliche organisationale Realität in einigen der großen Traditionsunternehmen vorstellen, die das Wort »Deutsch« im Firmennamen tragen. Sicher, alle diese Firmen haben für ihre Organisation Transformationsprogramme entwickelt (an einigen konnte ich selbst mitwirken). Es gibt an vielen Ecken und Enden selbstorganisierte Initiativen der Vernetzung. Und sie werden stärker. Doch das heißt nicht, dass die Prinzipien der agilen, offenen, kreativen und kollaborativen Arbeit nun durchweg den Alltag prägen würden. Ich drücke dies vorsichtig aus.

Dies ist ein Grund, warum Firmen zunehmend Arbeiten und innovative Projekte über Online-Plattformen wie Jovoto, Clickworker oder Topcoder nach draußen vergeben. Nicht wenige Kreative, IT-Spezialisten oder Designer übernehmen Aufträge auf diesen neuen Marktplätzen, nehmen an Wettbewerben teil und tauschen Ideen aus. Die kalifornische Plattform Topcoder hat etwa 1 Million registrierte Mitglieder, Programmierer, Software-Designer, Algorithmenentwickler und andere Technologieexperten. Das deutsche Portal Jovoto versteht sich längst nicht nur als Marktplatz für Freelancer, sondern als »open innovation platform«. Die Crowd zeigt sich als Problemlöser, aber auch als Herausforderung für die klassische Organisation. Die Folgen sind noch nicht abzusehen.

Die Frage wird deshalb noch dringlicher: Wie helfen wir dem anderen, mit diesen Widersprüchen besser umzugehen? Und weiter gefragt: Wie verhindern wir ein Auseinanderdriften der Organisation oder gar eine Zweiklassenorganisation? Wie werden wir schneller und sorgen dafür, dass niemand zurückbleibt? Also: Wie gehen wir voran und nehmen möglichst alle mit?

Eine Frage der Führung

Wenn es irgendwo auf der Welt schwierig wird, steht ganz sicher jemand auf und fordert Leadership ein. Das ist fast schon ein Ritual geworden. Doch darum geht es nicht. Auch nicht um Leadership alter Prägung, gelehrt in den Business-Schools seit Generationen, sondern eher um die Unterbrechung dieser Tradition. Gefordert ist eine andere Art Leadership, eine Führung neuen Typs.

Sie beginnt mit der Bereitschaft, vieles neu zu lernen – beispielsweise den produktiven Umgang mit Ungewissheit, Brüchen und Widersprüchen. Auch mit den eigenen. Sie zeigt sich u. a. in der Fähigkeit, Raum zu schaffen für Kreativität und Innovationen auf allen Ebenen. Und sie mündet in der Fähigkeit, die stattfindende Transformation achtsam, beharrlich und verantwortlich zu gestalten und dabei die Brüche auszubalancieren.

Das ist eine Lernreise von der alten in die neue Welt. Das Gute daran: Man muss nicht perfekt sein für diese Reise. Die neue Führung ist eher eine Beta-Führung, um eine Wendung von Niels Pfläging aufzugreifen. Sie agiert experimentell, deshalb kann sie Fehler zulassen.

Sie muss auch nicht alles selbst machen. Im Gegenteil. Die Führung neuen Typs zeichnet sich vor allem dadurch aus, dass sie abgeben, nach unten verlagern kann. Daraus folgt: Sie versteht sich als »coachende Führung«, als Führung auf Augenhöhe, wie man so schön sagt. Sie steht den Mitarbeitern und Kollegen zur Seite. Sie sorgt dafür, dass man sich gegenseitig hilft. »Leadership as a helping profession«, wie mein Kollege Rainer Petek es nennt.

Das ist der Dreh- und Angelpunkt: *nach unten* verlagern – Stichwort: Selbstführung, Selbstorganisation oder Selbstverantwortung – und den anderen gleichzeitig *zur Seite* stehen – durch Coaches, Mentoren, kollegiale Unterstützung und gute, respektvolle Kommunikation. Das eine braucht das andere. In dieser Figur, der inneren Ausrichtung »nach unten« und »zur Seite«, ähneln sich nach meiner Beobachtung alle Erneuerungsansätze, ganz gleich aus welcher Schule sie kommen. Ob aus dem Design Thinking, aus der Scrum-Bewegung, ob aus dem Kreis um Frederic Laloux oder aus der systemischen Schule. Oft ist es viel, viel wichtiger, mit dem anderen *in Be-*

ziehung zu sein, als irgendein sachliches Problem zu lösen. »In between« passieren die wichtigsten Dinge.

Für manche Unternehmen ist dieses »Wir helfen uns gegenseitig« in den letzten Jahren zum wichtigsten Leitsatz ihrer Arbeit geworden. Gerade für Firmen, die begonnen haben, agil zu arbeiten. *Von den Ego-Systemen zu Eco-Systemen*, so schwierig das unter widersprüchlichen Bedingungen ist. Ohne diesen Willen, sich wechselseitig zu helfen, bleiben Co-Kreativität und Kollaboration kraftlose Schlagwörter. Man kann noch so schöne Werte und Spielregeln formulieren und noch so viel über ein neues Mindset reden – wenn dieses Nach-unten-Abgeben und Sich-wechselseitig-Helfen nicht vorgelebt wird, fällt man wieder in die alten Muster zurück. Das erfordert die Professionalisierung des Coaching-Ansatzes durch das Verstehen und Erlernen eines *professionellen Dialogs*. »Dialog« bedeutet, sich ins Fremde zu stellen, nicht wissen zu können, was kommt, und nicht recht haben zu wollen. Und vor allem: Fragen zu stellen und zuzuhören. »Man kann Menschen zum Schweigen bringen, aber niemanden zum Zuhören zwingen«, sagt Bernhard Pörksen.

Zuhören können

Der NDR-Korrespondent Martin Ganslmeier hat kurz vor dem Amtsantritt von Donald Trump über dessen Neigung zu Tweets gesprochen. Es sei der Stil eines Alphatiers: »140-Zeichen-Kommandos statt Dialog. Als Chef eines Unternehmens mag das funktionieren – nicht aber als Präsident einer Supermacht.« Ich stimme dem mittleren Teil dieser Aussage nicht zu. Gerade Topmanager brauchen heute die Fähigkeit zum Dialog, zum authentischen Dialog als Teil einer authentischen Führung. Sonst wird die Transformation nicht funktionieren. Das gilt für Staaten wie für Unternehmen. Und das gilt für alle Frauen und Männer, die irgendwo, auf welcher Ebene auch immer, Führungsverantwortung haben. Der Dialog ist der Prüfstein für die Echtheit des Willens zur Veränderung.

Ich habe in vielen Situationen erlebt, welche Kraft ein professioneller Dialog entfalten kann. Insbesondere wenn man ihn mit einer guten Methode und einem mächtigen Tool wie etwa dem DiaLab, eine exzellente Form der kollegialen Beratung, unterstützt. Professioneller Dialog ermöglicht genau das, was der Anspruch der coachenden Führung ist: sich Rat einzuholen vom anderen und dem anderen mit Rat zur Seite zu stehen. Also nicht groß aufzutrumpfen und zu glauben, man wisse es besser, sondern zu fragen, zuzuhören, sich zu gestatten, etwas nicht zu wissen, und mit Unterstützung des anderen selbst auf eine Lösung zu kommen, die man allein nicht gefunden hätte.

Dieses Zuhören ist existenziell wichtig, wenn wir die Brüche und Widersprüche so gestalten wollen, dass sie nicht unsere Organisationen und Institutionen zerreißen. Denn das Brechen – wenn man es mal verstanden hat –, ist möglicherweise der leichtere Teil der Aufgabe. Der schwierigere ist das Versöhnen. Verändern und bewahren, wie Jim Collins das einmal genannt hat (der zu den nüchternen amerikanischen Managementberatern gehört). Oder: revolutionär sein und zugleich versöhnen können. Versöhnen ist elementar. Alle herausragenden Führungspersönlichkeiten wussten das. Denken Sie an Nelson Mandela. Ohne Versöhnung wäre seine Revolution gegen die Apartheid nicht erfolgreich gewesen. Disruptive Thinking ist deshalb nicht nur die Disziplin des Brechens, sondern auch die Kunst der Verknüpfung und Versöhnung der Widersprüche. Disruptive Thinking ist schöpferische Störung, damit es nicht zur Zerstörung kommt. Bezogen auf die eigene Organisation, aber auch auf ihr Umfeld und ihre Umwelt. Wie sonst soll wieder Vertrauen wachsen?

Disruptive Thinking beginnt deshalb mit dem Zuhören: »Das ist nichts Besonderes, wird nun vielleicht mancher sagen, zuhören kann doch jeder. Aber das ist ein Irrtum. Wirklich zuhören können nur ganz wenige Menschen. Und so wie Momo sich aufs Zuhören verstand, war es ganz und gar einmalig. Sie konnte so zuhören, dass dummen Leuten plötzlich sehr gescheite Gedanken kamen«, heißt es bei Michael Ende. »Sie konnte so zuhören, dass ratlose oder unentschlossene Leute auf einmal ganz genau wussten, was sie wollten. Oder das Schüchterne sich plötzlich mutig und frei fühlten. Oder das Unglückliche und Bedrückte zuversichtlich und froh wurden.«

Was

tun?

Die schöpferische Störung der eigenen Organisation – fünf Essentials

Disruptive Thinking heißt, die bisherige Struktur und die bisherigen Routinen der Organisation infrage zu stellen und mit neuen Formen zu experimentieren – und diese wieder in die Routinen einzuführen. Neue Formen, die mit der neuen Technologie korrespondieren: vernetzt, schnell und beweglich, kreativ bzw. co-kreativ, also die Kreativität im bereichsübergreifenden, interdisziplinären Zusammenspiel verstärkend. Unternehmen experimentieren dabei mit verschiedenen Ansätzen, Methoden und Formaten, kombinieren und variieren sie so lange, bis sie die für sie passende Form gefunden haben. Dabei haben sich nach meiner Einschätzung die folgenden fünf Punkte als erfolgskritisch herausgestellt.

1. Freiwillige suchen, die etwas ausprobieren und gerne eigenverantwortlich Aufgaben der Veränderung übernehmen wollen.
   Das Prinzip Selbstorganisation beachten, dafür sorgen, dass die Akteure möglichst autonom arbeiten und entscheiden können.

2. Vernetztes, bereichsübergreifendes Arbeiten ermöglichen, entsprechende Methoden und Werkzeuge zur Verfügung stellen, die das kooperative, kollaborative Arbeiten unterstützen.

3. In den neuen, vernetzten Teams und Einheiten zugleich die funktionalen Kompetenzen der Organisation sichern.

4. Beweglicher, schneller und agiler werden – im Kopf und in der Zusammenarbeit, hierarchische oder bürokratische Hindernisse aus dem Weg räumen.

5. Räume schaffen, in denen experimenteller, kreativer und spielerischer gearbeitet werden kann – Zeiträume, aber auch anders gestaltete reale Räume.

Creativity-Index

Wie misst man die Kreativität von Organisationen und Institutionen? Ganz einfach. Man nimmt die Zahl der Fragen, die jeden Tag gestellt werden, multipliziert mit der Häufigkeit des Lachens (nach Paul Iske).

Beispiel Design Thinking – 10 Rule-Breaking-Rules

Was sind die Stärken von Design Thinking? Und was haben sie mit dem Brechen von Routinen zu tun? Hier meine Beobachtungen:

1. Das konsequente Fragenstellen. Von Anfang an. Jeder Design-Thinking-Prozess beginnt mit einer guten, sorgfältig erarbeiteten, lösungsorientierten Frage, der sogenannten Challenge: How might we …? Wie können wir erreichen, dass …?

2. Der auf den Menschen ausgerichtete Gestaltungsansatz, »user-centered« oder »human-centered« genannt. Das Team, das sich einer Aufgabe stellt, befasst sich nicht einfach mit einer abstrakten Zielgruppe, sondern versucht, sich konkrete Personen vorzustellen und sich in die jeweilige »Persona« hineinzuversetzen.

3. Das Hinausgehen und Beobachten: observe, observe, observe. Nicht bloß Schreibtischrecherche und nicht nur einen flüchtigen Augenblick, sondern am Ort des Geschehens, explorativ und intensiv.

4. Der multiperspektivische Blick – die Akteure kommen aus unterschiedlichen Disziplinen (oder Bereichen oder Kulturen) und versuchen im Prozess immer wieder, die Aufgabe unter verschiedenen Blickwinkeln zu betrachten.

5. Die ständige wechselseitige Visualisierung und Veranschaulichung des Gedachten, Gehörten, Gesehenen. Die Visualisierung erscheint nicht auf der Leinwand, sondern entwickelt sich »in between« zwischen den Akteuren.

6. Das allmähliche Entstehen eines gemeinsamen, geteilten Wissensraumes – das Team baut und füllt diesen Raum mit seinen Recherchen, Insights, Suchfeldern, verworfenen Ideen, weiterverfolgten Lösungsideen, Testergebnissen etc.

7. Die gute Einfachheit: Die Arbeit ist experimentell, sinnlich, haptisch, mit den Händen greifbar, mit einer guten Rhythmik der Schrittfolge – und gleichzeitig gibt es eine innere Komplexität mit einem reichen Arsenal von Tools für jeden einzelnen Schritt: vom Beobachten bis zum »rapid prototyping«.

8. Die überzeugenden, gut gebauten und sich gut anfühlenden Regeln, die das Zusammenspiel erleichtern, etwa »build on the ideas of others«.

9. Das elegante Ausschalten von zu frühen Bewertungen, von negativen Energien, von möglicher Missgunst oder aufgeplustertem Egogebaren durch ebendiese Regeln und durch die Routinisierung von Feedback.

10. Die Performance eines neuartigen Zusammenspiels, das mehr an die Jamsession eines Jazzensembles oder an die Spielzüge einer Spitzenmannschaft im Basketball erinnert als an übliche Business-Meeting-Gepflogenheiten.

Vier Grundthemen agiler Organisationen

Frei nach Steve Denning (Can big organizations be agile?) und anderen

Delighting Customers: Es geht darum, den Kunden wirklich ins Zentrum zu rücken, »user-centered« zu arbeiten, mit Leidenschaft daran zu arbeiten, Wert für den Kunden zu schaffen, auf allen Ebenen, zu jeder Zeit, an jedem Ort, alles andere wird dem untergeordnet.

Descaling Work: In einer komplexen, schnellen, ungewissen und volatilen Welt ist es hilfreich, die Aufgaben runterzubrechen in kleinere Einheiten und in kleineren, beweglicheren, selbstorganisierten Teams zu arbeiten, spielerisch, crossfunktional, interdisziplinär, iterativ, in kurzen Zyklen mit raschem Feedback der Kunden.

Network Thinking: Ziel ist es, vernetzt und agil zu denken und zu arbeiten – in den Teams, zwischen den Teams und Einheiten, mit den Kunden und Partnern, sodass sich möglichst weite Teile der Organisation als lebendiges, interaktives Netzwerk verstehen.

Entrepreneurial Mindset: Es soll eine Organisationskultur gefördert werden, die autonomes, selbstverantwortliches, unternehmerisches Denken und Verhalten praktiziert und honoriert.

Die Widersprüche in der Organisation produktiv machen – Anregungen

Von Mono auf Stereo umschalten: einen neuen Typus von Organisation aufbauen, der die alte Organisation infrage stellt. Und gleichzeitig dafür sorgen, dass es die Organisation nicht zerreißt, sondern dass sie insgesamt gestärkt wird. Es ist die Kunst und Disziplin, mit Spannungsfeldern zu arbeiten, polare Kreativität zu entwickeln und Widersprüche produktiv zu machen. Das heißt:

- ◆ Die Explore-Seite der Organisation stärken und dabei die Exploite-Seite unterstützen!
- ◆ Routinen brechen und das Neue wieder in die Routinen einführen!

◆ Die organisationale Kreativität entfalten – damit *alle* ihre Aufgabe besser machen können!

6 kleine Tools zeigen, wie das gehen kann

Frei nach Tom & David Kelley, Creative Confidence, und anderen

1. Die Gegenseite denken

Nicht als Erstes fragen: Wie können wir Menschen dazu bewegen, dass sie dies oder jenes tun? Sondern zunächst fragen: Was gibt es für Gründe, warum sie es nicht machen? Was hindert sie? Schreiben Sie die Hindernisse links auf die eine Seite eines Blatt, rechts die andere Seite lassen Sie frei. Später notieren Sie hier Ihre Ideen, wie man es anders machen könnte.

2. Eine »Bug-List« erstellen

Erstellen Sie eine Liste der Dinge, die Sie täglich stören. (Nutzen Sie auch hier nur die linke Hälfte einer Seite.) Das erscheint zunächst negativ. Aber so sehen Sie Möglichkeiten, etwas zu verbessern. Dann erst fragen Sie (rechte Seite): Was steckt für ein Potenzial in diesen Bugs? Was könnten wir daraus machen? Oder was können wir ganz anders machen? How might we improve the situation?

3. Die zwei Leben der Organisation gegenüberstellen

(Linke Seite)	*(Rechte Seite)*
Das gelebte Leben	Das ungelebte Leben
Praktizierte Kultur	Erhoffte Kultur
Beobachte Realität	Erlebtes Bedürfnis

Dazwischen jeweils einen Strich machen, den »resistance«-Strich: Welcher Widerstand verhindert es, dass wir das realisieren, was wir uns eigentlich erhoffen? Dann fragen: Was könnten wir jetzt tun, damit er geringer wird? Dabei nichts aufschieben. Vielmehr: Don't get ready, get started.

4. Mit Beschränkungen arbeiten (die »Creative Constraints«-Liste)

Oft wissen wir nicht, womit wir beginnen sollen. Zum Beispiel, wenn es darum geht, einen neuen Innovationsprozess in der Organisation einzuführen. Aber manchmal hilft es, wenn Sie sich fragen, was Sie in zwei Wochen schaffen können. Was über Nacht? Was in 36 Stunden? Was können wir mit einem kleinen Budget und einer bewusst unperfekten Lösung schaffen? Diese Constraints können Sie kreativ als Herausforderung umdeuten und positiv wenden. Bestes Beispiel: einen »Hackathon« durchführen.

5. Nach schwarzen Schafen suchen

Bemühen Sie sich um die Nonkonformisten, suchen Sie die Unangepassten, Freigeister und Störenfriede der Organisation. Bilden Sie aus ihnen eine Zelle oder ein Netzwerk von Innovatoren und Veränderern. Laden Sie sie ein, an ungelösten Problemen der Organisation zu arbeiten. Geben Sie ihnen den Freiraum, das auch tun zu dürfen. Selbst in der Armee, in der US-Navy, hat das funktioniert, als ein Pilot namens Ben Kohlmann, der bisher eher als Störer aufgefallen war, begann, mit seinen eher konventionell gesinnten Kollegen Lernreisen zu Google oder ans Rocky Mountain Institute zu organisieren.

6. Beim Wort nehmen (die »Toughest Problems«-Challenge)

Nehmen Sie die wichtigsten Werte der Organisation oder ihre Leitbildformulierungen und laden Sie Manager oder Business-Leader aus Einheiten der alten Organisation ein, offen darüber zu sprechen: Wo und warum funktioniert das nicht? Was sind die »toughest problems«, die verhindern, dass die Werte voll gelebt werden können? Bieten Sie an, dass Sie helfen, die Probleme zu lösen. Zusammen mit denen, die sie formuliert haben – wenn diese es wollen.

Die Führung neu justieren– anders führen

Die Arbeit in einer sich verändernden Organisation erfordert eine sich verändernde Führung. Nach meiner Beobachtung sind es manchmal nur ganz kleine Richtungsänderungen, die manches ermöglichen und bewirken. Hier die fünf ausschlaggebenden:

◆ *Nach unten:* Aufgaben und Entscheidungen nach unten abgeben. Man muss nicht alles selbst machen. Ja, man sollte nicht so viel selbst machen. Die Kompetenzen und das Wissen sind heute kein Privileg der oberen Führungsebenen. Kreative, möglicherweise disruptive Ideen erst recht nicht. Der neue Typus von Organisation und der neue Typus von

Führung beginnen mit dem Verstehen und Praktizieren von Selbstorganisation.

◆ *Zur Seite:* Das kooperative und kollaborative Moment in der Organisation stärken. Das bedeutet, entsprechende Formate und Methoden zu fördern. Vor allem Menschen zu fördern, die kooperativ, bereichsübergreifend und vernetzt zusammenarbeiten wollen, und ihnen entsprechende Rollen zu geben. Die Führungskraft entwickelt sich auf allen Ebenen mehr und mehr zum Coach.

◆ *Wechselseitig:* Wenn Selbstorganisation und Kooperation wichtiger werden, braucht es ein Klima der wechselseitigen Unterstützung. Das »Help each other!« wird zum Schlüsselfaktor des Gelingens. Eine gute, respektvolle Feedback-Kultur ist zwingend. Dann kann man experimentieren, scheitern, lernen, besser werden. Das geht weniger durch Leitbilder als durch Vorbilder.

◆ *Beidseitig:* Führung muss die digitale Transformation und die kreative Revolution verstehen, die Technologie und das Design, das Exploite und das Explore. Dazu braucht es Führungskräfte, die etwas von beiden Seiten verstehen und Übersetzungsleistungen erbringen. Ich nenne sie die T-Leader. Es sind die Transformatoren der Organisation. Und die Katalysatoren des Neuen im Alten.

◆ *Dialogisch:* Das ist das Verbindende. Es ist Führung auf Augenhöhe, kooperativ und kollegial. Es unterstützt den anderen bei der Problemlösung. Es macht Widersprüchliches handhabbar. Es vermag Spannungen zu lösen. Vorausgesetzt, dass der Dialog professionell geführt wird. Es stärkt das Vertrauen. Vielleicht ist dies das Wichtigste.

All dies hat vor allem das Ziel, die kreative Seite der Organisation und der Menschen in der Organisation zu stärken.

Und das heißt:

Brich
Rout

inen!

Denkbilder

1. Alte Welt – neue Welt

Silos, Abteilungen:
schwerfällig, langsam

Netzwerke, Verknüpfungen:
innovativer, agiler

Nach Ulrich Weinberg, Network Thinking

2. T-Leader

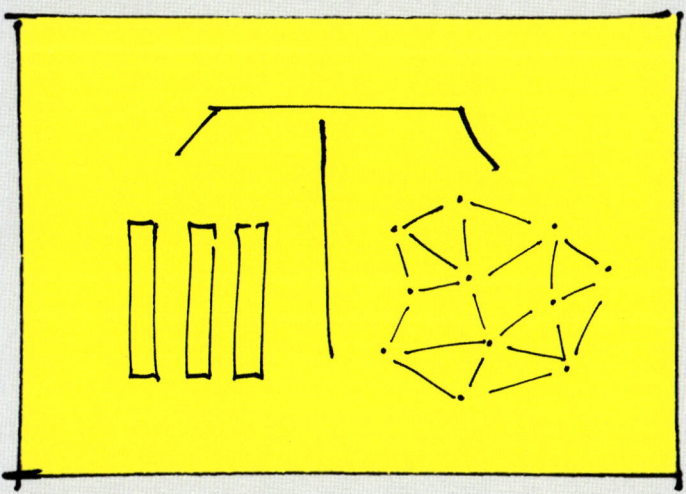

Übersetzer gefragt: »T-Leader« verstehen beide Seiten.

3. T-Canvas

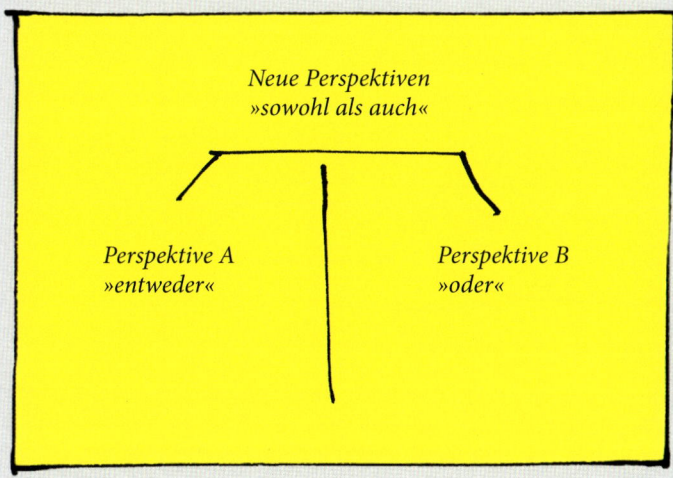

Neue Perspektiven
»sowohl als auch«

Perspektive A
»entweder«

Perspektive B
»oder«

Widersprüche produktiv machen: der T-Canvas

4. Stopp!

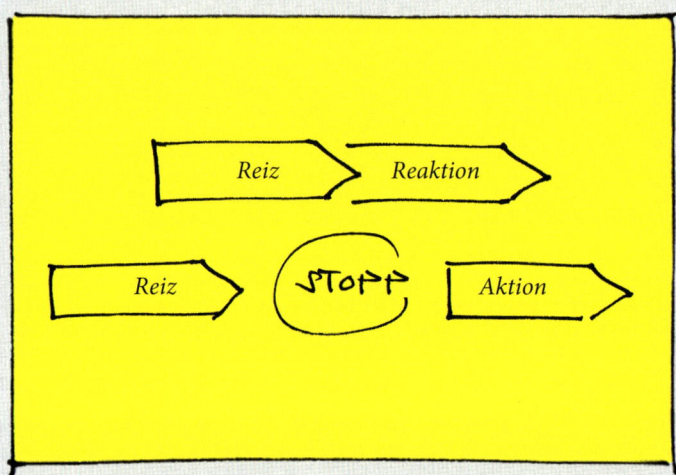

»Stopp« sagen zu können, ist eine zentrale Führungsaufgabe.

5. Leaders Loop

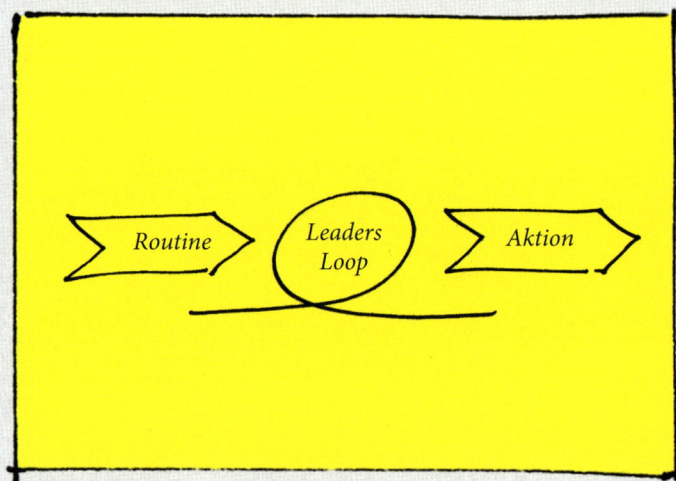

Routine unterbrechen, reflektieren, experimentieren
Nach Rainer Petek und Bernhard von Mutius

6. Design Thinking – die iterativen Schritte

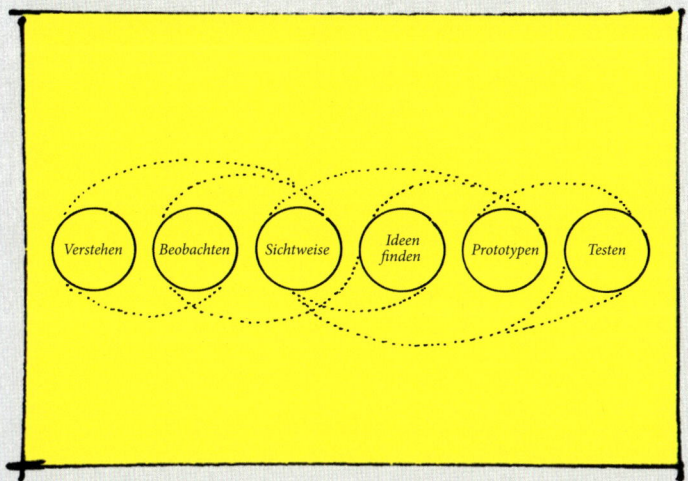

Keine starre Abfolge, eine lebendige Iteration, ein vernetztes Universum

7. DiaLab: professioneller, systemischer Dialog

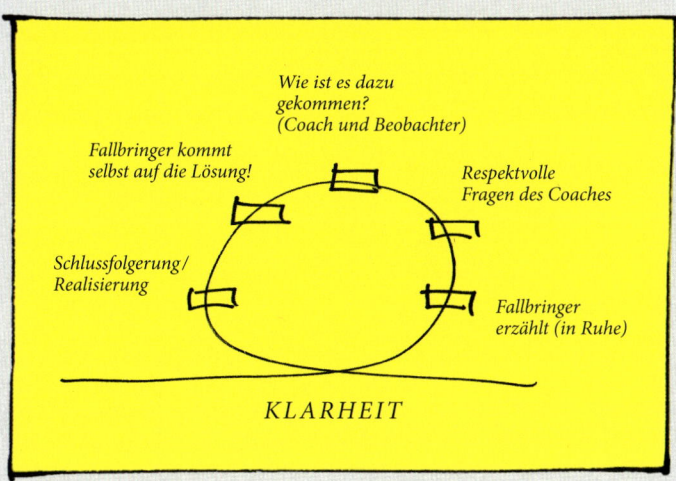

Die fünf Schritte der kollegialen Problemlösung

Frei nach Roswita Königswieser

8. Die Lage in den Unternehmen

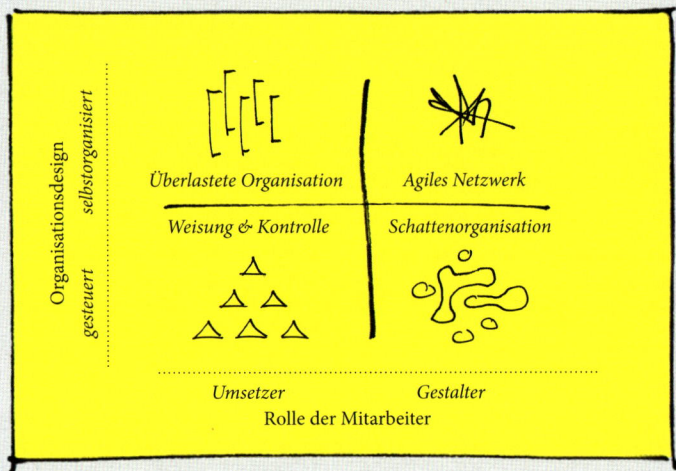

Quelle: Haufe Akademie

9. Einfache Rechnung

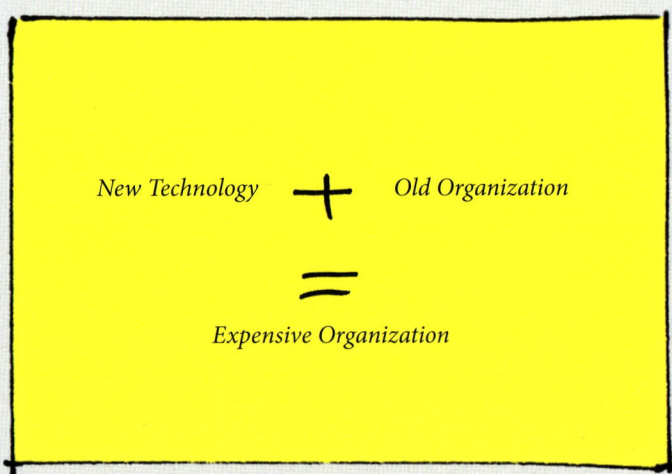

10. »Ambidextrous Organization«

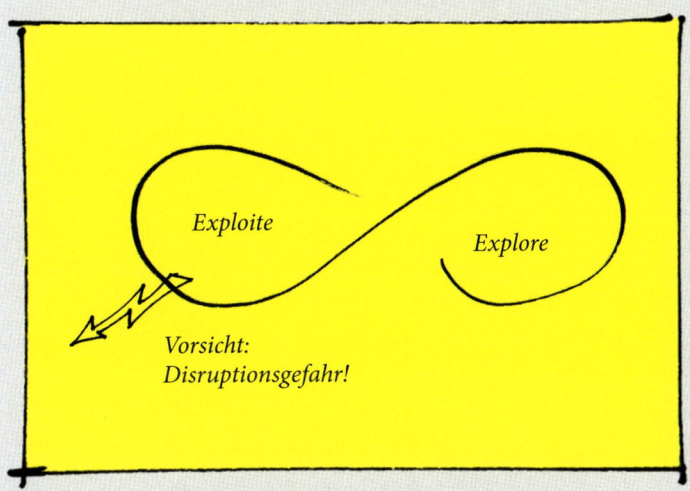

»*Exploite*«: *Routinen, Effizienz realisieren, automatisieren*
»*Explore*«: *Nichtroutinen, experimentieren, Kreativität entfalten*

11. Das Balancieren
von Verändern und Bewahren

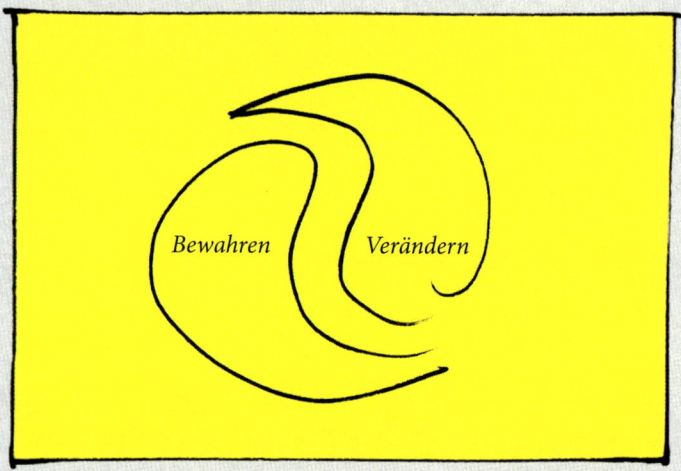

Wie viel Zeit verbringen wir womit?
Frei nach Jim Collins

12. Der Organisation Luft verschaffen

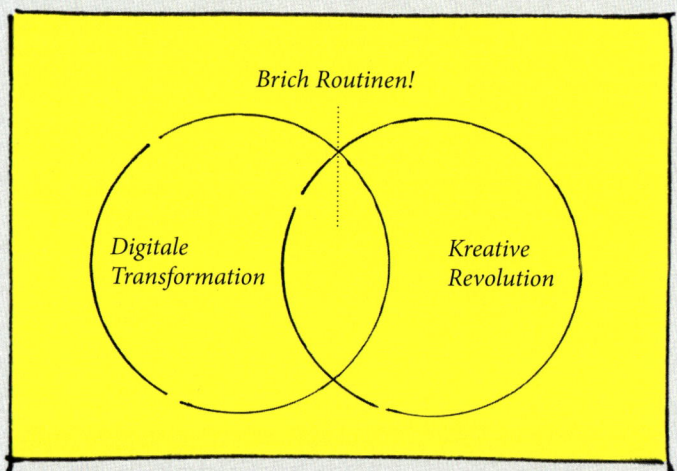

Freiräume schaffen, experimentieren, offener und beweglicher
werden, demokratischer, kollegialer und weiblicher werden

13. The Holstee Manifesto

THIS IS YOUR **LIFE.**
DO WHAT YOU LOVE,
AND DO IT OFTEN.
IF YOU DON'T LIKE SOMETHING, CHANGE IT.
IF YOU DON'T LIKE YOUR JOB, QUIT.
IF YOU DON'T HAVE ENOUGH TIME, STOP WATCHING TV.
IF YOU ARE LOOKING FOR THE LOVE OF YOUR LIFE, STOP;
THEY WILL BE WAITING FOR YOU WHEN YOU
START DOING THINGS YOU LOVE.
STOP OVER ANALYZING, ALL EMOTIONS ARE BEAUTIFUL.
WHEN YOU EAT, APPRECIATE
LIFE IS SIMPLE. EVERY LAST BITE.
OPEN YOUR MIND, ARMS, AND HEART TO NEW THINGS
AND PEOPLE, WE ARE UNITED IN OUR DIFFERENCES.
ASK THE NEXT PERSON YOU SEE WHAT THEIR PASSION IS,
AND SHARE YOUR INSPIRING DREAM WITH THEM.
TRAVEL OFTEN; GETTING LOST WILL
HELP YOU FIND YOURSELF.
SOME OPPORTUNITIES ONLY COME ONCE, SEIZE THEM.
LIFE IS ABOUT THE PEOPLE YOU MEET, AND
THE THINGS YOU CREATE WITH THEM
SO GO OUT AND START CREATING.
LIFE IS LIVE YOUR DREAM
AND SHARE
SHORT. YOUR PASSION.

THE HOLSTEE MANIFESTO © 2009   HOLSTEE.COM   DESIGN BY RACHAEL BERESH

Ein Beispiel für das Lebensgefühl der kreativen Revolution

© The Holstee Manifesto (holstee.com/manifesto)

»Das Moment des Unerwarteten und Unvorhersehbaren (…) bewahrt uns davor, den Logikern in die Knechtschaft zu fallen.«

Winston Churchill

Teil 3

Maschinen und Menschen

Wer bestimmt
über unsere Zukunft?

Was uns bewegt

Eine Arbeit haben, von der man einigermaßen leben und eine Familie ernähren kann. Das war für viele Generationen eine der grundlegenden Errungenschaften in der Industriegesellschaft. Gute Arbeit leisten und damit gutes Geld verdienen können, das verschaffte Befriedigung und das Gefühl der Sicherheit.

In der Arbeit möglichst autonom agieren können, weil man es auf irgendeinem Gebiet zu einem Meister gebracht hat. Das war für viele Menschen in den letzten Jahrzehnten ein grundlegendes inneres Bedürfnis. Autonomie, Meisterschaft und Sinn sind elementar für die Motivation von Menschen, wie Daniel H. Pink in einer lesenswerten Studie herausgearbeitet hat.

Was aber passiert, wenn das auf seine Meisterschaft stolze, autonom agierende menschliche Subjekt ernsthafte Konkurrenz bekommt? Konkurrenz von einem Herausforderer, der ersichtlich ungemein lernfähig ist und sich nach und nach immer mehr der Fähigkeiten aneignet, die bislang dem Menschen vorbehalten waren? Wie gehen wir damit um? Insbesondere wenn von dem Herausforderer eine große Faszination ausgeht?

Beispiel autonomes Fahren

Autonomes Fahren ist eine Idee mit einer starken Anziehungskraft. Sie wirkt in den Medien, in Unternehmen, in der Politik, in der Aus- und Weiterbildung. Je mehr wir uns damit beschäftigen, desto mehr ahnen wir, wie ungeheuer vielschichtig dieses Thema ist. Ich nenne nur drei Ebenen: Auf der ersten Ebene geht es um eine soziale Vision, die Sebastian Thrun, der das

Google Car mit entwickelte, schon vor vielen Jahren formulierte: mehr Sicherheit im Verkehr, drastische Reduktion der Unfälle, vor allem der Unfälle mit Toten und Verletzten. Vision Zero. Die EU-Kommission hat diese Vision aufgegriffen: Im Jahr 2050 soll es in der Europäischen Union möglichst keine unfallbedingten Schwerverletzten und Verkehrstoten mehr geben. Ob das wirklich so kommt, wird sich zeigen. Google hat das Projekt, selbst ein komplett eigenes Auto zu bauen, inzwischen aufgegeben; nun widmet sich die Alphabet-Tochter Waymo dem autonomen Fahren und arbeitet dafür mit bekannten Automobilfirmen sowie mit dem Uber-Konkurrenten Lyft zusammen.

Immerhin absolvierten die Google Driverless Cars bereits in den ersten Jahren Hunderttausende Kilometer weitgehend unfallfrei auf den Straßen Kaliforniens. Der Tesla sorgte zwischenzeitlich für negativere Schlagzeilen. Doch die Technologie wird weiterentwickelt bzw. entwickelt sich selbst weiter. Sie lernt aus den Fehlern und wird besser.

Damit sind wir der zweiten Ebene: Eine Maschine wird autonom. Nicht vollständig, aber in einem sehr umfassenden Sinne. Die alte, meist metaphorisch gemeinte Frage »Wer sitzt im Driver Seat?« bekommt eine neue Bedeutung. Das hat ebenfalls erhebliche soziale Konsequenzen. Ich meine damit nicht nur die rechtlichen. Wer steuert eigentlich? Wer lenkt? Brauchen wir überhaupt noch ein Lenkrad? Google wollte zwischenzeitlich ein selbstfahrendes Auto ohne Lenkrad. Diese Vision mag verfrüht gewesen sein. Aber irgendwann könnte sie doch Realität werden. Dann lautet die Frage: Brauchen wir überhaupt noch einen Fahrersitz? Ja, brauchen wir überhaupt noch einen Fahrer?

Spätestens hier wird die Sache spannend: Wer will so ein fahrerloses Auto und warum? Wer sind die Abnehmer? Einer gehört ganz sicher dazu: das Unternehmen Uber. Oder Lyft, von dem eben schon die Rede war. Oder der chinesische Fahrdienst-Vermittler Didi Chuxing, in den Apple kräftig investiert hat. Oder andere professionelle Car-Sharing-Dienstleister. Uber hat bereits 2016 an seinem Firmensitz in Pittsburgh damit begonnen, fahrerlose Taxis zu testen. Zunächst sitzt noch ein Fahrer im Wagen, weil dies bislang gesetzlich vorgeschrieben ist. Aber das Ziel ist ganz klar: das fahrerlose Taxi. Das würde die Uber-Taxifahrten wirklich preiswert machen. Uber könnte gewaltige Kosten einsparen. Das alte Taxi hätte kaum noch eine

Chance, sich dagegen zu behaupten. Taxifahrer müssten sich eine andere Beschäftigung suchen. Und braucht es dann noch die klassischen Automobilhersteller, um fahrerlose, dann wohl auch elektrisch betriebene und elektronisch vernetzte Vehikels für Großabnehmer zu produzieren? Weiter gefragt: Wie viele Arbeitskräfte brauchen die Hersteller und ihre Zulieferer dann überhaupt noch, um die neuen elektrisch betriebenen Fahrzeuge mit viel weniger Teilen herzustellen? Und wie viele Arbeitskräfte brauchen sie, um eine geschrumpfte Privatkundschaft mit klassischen Limousinen oder Sportwagen zu bedienen, die noch aktiv gefahren werden? Wir sehen: Die autonome Maschine wird zur sozialen Frage.

Dritte Ebene: Wenn die Maschine autonom wird, muss sie sehr viel können. Ja, sie muss sehr vieles besser können als der Mensch. Sie mutiert zu einer neuen Art Alleskönner, der

- alles sieht, sehr genau wahrnimmt, was in seiner Umgebung passiert,
- sehr schnell »kapiert«, tatsächlich in Bruchteilen von Sekunden und geradezu vorausschauend, was da abläuft,
- in der Lage ist, blitzschnell und zugleich angemessen auf das Geschehen zu reagieren.

Das sind alles außerordentliche Leistungen, die in vielem dem nachgebildet sind, was bislang den Menschen auszeichnete – und die ihn in manchem übertrumpfen. Es ist eine wahre Leistungsexplosion, basierend auf einer Kombination aus verschiedenen Fähigkeiten, Fertigkeiten und Features. Dazu gehören:

- Außergewöhnliche Rechnerleistung
- Hoch entwickelte Sensorik
- Hoch entwickelte Bild- und Mustererkennung
- Robustheit
- Lernfähigkeit
- Jüngste Generation der künstlichen Intelligenz
- Fähigkeit, Bilder schlüssig zu interpretieren
- Vernetzung auf allen Ebenen
- Verfügbarkeit riesiger Datenmengen

All diese Fähigkeiten und Funktionsmerkmale gibt es auch einzeln, irgendwo im Universum der digitalen Technologien. Doch hier werden sie in einer bislang unvorstellbaren Weise verknüpft und so gebündelt, dass der Mensch mit seinen Fähigkeiten daneben ziemlich alt auszusehen scheint. Ist das eine Herausforderung? Eine Zumutung? Oder beides? Wenn die Maschinen autonom sein werden, können wir dann auch noch autonom sein? Und wer sind wir? Also wer sitzt denn wirklich künftig im Driver Seat?

Das große Geschäft – und das Dilemma

Das Thema mobilisiert und elektrisiert. Buchstäblich. Viele Unternehmen aus fast allen Branchen sind dabei. Hier winkt das große Geschäft. Doch die Frage ist: Winkt es nur? Kommt es oder kommt es vielleicht doch nicht? Und wenn ja, für wen, in welcher Form und in welchem Maßstab? Welche Rollen werden dabei neu verteilt?

Wer rechtzeitig dabei ist, wer das Kombinationsspiel gut beherrscht, wer überraschend einfache Lösungen findet oder wer ein paar seltene Stoffe hat, die andere nicht haben, wird vermutlich eine bedeutende Rolle spielen können. Manche, die das bislang nicht gewohnt waren, werden sich mit der Rolle des kleineren Zulieferers begnügen müssen. Einige werden andere überragen und ihnen die Bedingungen diktieren können, unter denen sie mitspielen dürfen. Wenn – ja, wenn nichts dazwischenkommt. Fragen der Sicherheit zum Beispiel, ein Thema, das für uns selbst, für Unternehmen, Behörden, Regierungen und natürlich für all unsere Verkehrssysteme und Infrastrukturen immer mehr an Bedeutung gewinnt. Oder Fragen der Souveränität sowie Fragen der regulatorischen Aktivität von Staaten oder Staatengemeinschaften zum Schutz personenbezogener Daten. Und immer wird es um Daten gehen. Und um Vertrauen.

An den Daten hängt in der Tat alles: die neuen Services, die sogenannten Mobilitätsdienstleistungen, die neuen Produkte und die neuen Geschäftsmodelle, die sich mit dem autonomen Fahren verbinden. Das wird für viele zu einer Zerreißprobe. Für manche ist es das schon heute: Als Privatperson mag man leidenschaftlich für den Schutz der Privatsphäre eintreten. Als Unternehmensvertreter wird man das manchmal anders sehen: Wer den (freien) Zugriff auf die Daten zu stark erschwert, verhindert, dass Unternehmen in Zukunft ihr Geschäft betreiben können. Etwa mit neuen Dienstleistungen. Es rechnet sich nicht mehr. So hört man es manchmal, zugespitzt formuliert. Oder es rechnet sich nur noch für die wenigen ganz großen, grenzüberschreitend tätigen Plattformen, die bekanntlich meist aus Übersee kommen und bereits über unvorstellbare Mengen von Kundendaten verfügen.

Künstliche Intelligenz – der nächste Schub

Künstliche Intelligenz, das scheint ein altes Thema zu sein; schon seit ein paar Jahrzehnten ist davon die Rede. Bereits in den 1990er-Jahren sprachen wir auf Veranstaltungen des Bergweg-Forums intensiv über dieses Forschungsgebiet, schauten uns die ersten selbstlernenden Knowbots an, diskutierten über die möglichen Fähigkeiten neuronaler Netzwerke oder stritten über die Thesen des Robotic-Forschers Hans Peter Moravec, der verkündet hatte: »In 20 Jahren werden die besten Roboter die Intelligenz von Mäusen haben. In 30 Jahren werden sie mehr wie Affen sein, und in 40 Jahren sind sie intelligenter als Menschen.« Ich war einige Jahre später selbst in Pittsburgh, um besser zu verstehen, wie die Disziplinen Robotics und Artificial Intelligence zusammenspielen könnten.

Die KI-Forschung wurde eine Zeit lang in den Medien gehypt. Dann wurde es wieder stiller. Die in sie gesteckten Erwartungen waren offensichtlich zu hoch. Doch nun im zweiten oder dritten Anlauf ist die künstliche Intelligenz in das Zentrum der Aufmerksamkeit von Wirtschaft und Wissenschaft gerückt. Das liegt zum einen an der schieren Menge von Daten, die heute zur Verfügung stehen. Man spricht von mehreren »Zettabytes«, bald schon von »Yottabytes«, die über das World Wide Web weltweit kursieren und abgerufen werden können. Das liegt aber auch an einer qualitativ anderen Art der Verarbeitung bildhafter oder auditiver Daten, die den KI-Forscher und Leiter des Fraunhofer Instituts für Intelligente Analyse- und Informationssysteme (IAIS), Stefan Wrobel, davon sprechen lassen, dass »die nächste Revolution« der Computerisierung im Gange sei: Intelligente Maschinen haben gelernt, Bilder zu erfassen und abzugleichen. Sie können Bilder beschreiben, interpretieren, mit erklärenden Texten hin-

Neue Phase der KI-Forschung in Verbindung mit großen DATENMENGEN

terlegen. Und sie können sie selbstverständlich blitzschnell verändern, ohne dass es vom Betrachter bemerkt werden muss – sofern sie richtig »trainiert« sind und eben auf eine große Menge von Daten Zugriff haben. Die Bilder der Welt werden hochgerechnet und uns zurückgespielt in Form von Deutungen, Wertungen oder Serviceangeboten, die genau auf unsere persönliche Welt zugeschnitten scheinen.

Stellen Sie sich vor, Sie sitzen in einem Café, nehmen mit Ihrem Smartphone eine kleine Videosequenz von Ihrer Umgebung auf und verschicken diese an Ihre Freunde. Sofort sehen diese aufschlussreiche Bilder auf ihren Geräten. Nicht nur von ihren Tischnachbarn, sondern von allen, die von der Kamera erfasst wurden. Jede Person wird durch einen kleinen Text identifiziert und kenntlich gemacht. Was kennzeichnet sie, wie ist ihre Stimmung, was mag sie, was wird sie als Nächstes tun etc. Das ist nicht Science-Fiction. Das ist Stand der Forschung. Mit unbegrenzten Anwendungsmöglichkeiten.

Deshalb ist das autonome Fahren nicht nur ein Automobilthema. Das autonom fahrende Auto macht ständig Bilder von seiner Umwelt. Alles, jeder Winkel wird erfasst, abgeglichen, korreliert und blitzschnell interpretiert. Und jedes dieser Bilder ist potenziell die Basis für eine neue Geschäftsidee, für ein bislang noch gar nicht existierendes Produkt bzw. für ein neues Serviceangebot.

Sie wissen alles lautet der Titel des ersten Buches von Yvonne Hofstetter, die als KI-Expertin und IT-Unternehmerin die Entwicklungen kennt, von denen sie spricht. Wir ahnen es ja eigentlich auch schon längst: Wenn wir irgendwo etwas anklicken, eine Information abrufen oder überprüfen wollen, wenn wir uns irgendwelche Angebote anschauen oder etwas bestellen, wenn wir mit jemandem chatten oder Bilder austauschen, stellen wir Amazon oder Facebook Daten zur Verfügung. Diese Daten werden als Rohstoffe wertschöpfend weiterverarbeitet. Wir erhalten neue, genauere, bessere Informationen, auf uns persönlich zugeschnittene Angebote. Jemand hat gelernt, scheint zu wissen, was wir wollen und wie wir uns entscheiden werden. Dahinter stecken: Algorithmen, künstliche Intelligenz, maschinelles Lernen. Das läuft im Hintergrund ab, ohne dass wir es merken. Aber die Systeme haben sich gemerkt, was wir sehen, anschauen, kaufen. Das beginnt mit den Cookies auf unseren Webseiten. Sie erkennen uns wieder. Auch die Cookies von Drittanbietern erkennen uns wieder. Wenn wir *Spiegel Online* lesen, wissen das auch die Werbepartner von *Spiegel Online*. »Nach einer Zeitungslektüre von 10 Minuten haben Sie etwa 50 Spione auf Ihrem Rechner«, beschreibt der Blogger und Internetaktivist Ethan Zuckerman diesen ganz normalen, alltäglichen Vorgang.

Bei der Weiterentwicklung der künstlichen Intelligenz geht es nun nicht einfach um Daten, Informationen, Wissen, sondern es geht um eine neue Qualität des maschinellen Lernens und der Musterverarbeitung, die – so die Erwartungen der Experten – noch bessere Vorhersagen und noch persönlichere Rückkoppelungen ermöglicht. Der digitale Assistent wird immer individueller, das maschinelle Gegenüber wird immer menschenähnlicher.

»Wir bringen jetzt den Maschinen das Sprechen und Zuhören bei«, sagt IBM-Manager Wolfgang Hildesheim, der für das KI-System Watson in Deutschland zuständig ist. Deshalb investieren alle großen Technologiekonzerne massiv in künstliche Intelligenz. Sie investieren in Personal, Firmen, Projekte, Wissenschaftseinrichtungen. Allen voran Facebook und Google. Aber auch große Beratungsfirmen investieren in dieses Gebiet.

Der Siegeszug des Automaten, des neuen Alleskönners hat gerade erst begonnen. Er hat den Menschen im Schach besiegt, er hat ihn im Go besiegt, wo wird er ihn nicht besiegen?

Echt, authentisch, emotional?

Selbstlernende autonome Maschinen und Programme vermögen Erstaunliches. Sie lernen sehr schnell. Und sie lernen vom Menschen. Die Frage ist manchmal nur, was sie lernen, wie die folgende Geschichte zeigt: Es war als ein Experiment gedacht. Ein Experiment, mit dem Microsoft zeigen wollte, dass es technologisch ganz vorne mitspielt und zugleich in der Lage ist, junge Zielgruppen zu begeistern. So ist der lernfähige Chatbot Tay entstanden. Einer der Software-Agenten von Microsoft, die auf Twitter mit ihren Nutzern interagieren. Tay sollte in den sozialen Netzwerken von den Menschen lernen, sich mit ihren Sichtweisen, Einstellungen, Gefühlen und auch ihrer Sprache vertraut machen. Tay war mit dem Bild einer weiblichen Person gekennzeichnet. Tay war also eine Sie. Sie sollte durch die Kommunikation mit Menschen klüger werden: »The more you talk the smarter Tay gets.« Sie hat alles von den Menschen gelernt. Alle zornigen, hasserfüllten Ausbrüche, alles Agressive und Gemeine. Bis sie so unerträglich geworden ist, dass Microsoft das Experiment abbrechen musste. Nach kürzester Zeit. Tay war zum Schluss zu einem aggressiven, sexistischen Ungeheuer geworden, das seine Gesprächspartner ständig in widerlichster Weise beschimpfte. Man kann auch sagen: Sie hatte kein Korrektiv. Microsoft nahm Tay vom Netz und erklärte, es sei »ein Projekt im Bereich maschinellen Lernens gewesen«. Man wolle weiterlernen.

Vielen ist erst durch dieses schiefgelaufene Experiment klargeworden, dass die scheinbar echten, lebendigen, authentischen, emotionalen Reaktionen und Interaktionen im Netz gar nicht von Menschen stammen müssen, sondern oft maschinell erzeugt werden. Tendenz steigend.

Der amerikanische Wahlkampf zwischen Hillary Clinton und Donald Trump wurde bekanntlich bereits in einem hohen Maße von infiltrierten Bots beeinflusst. Das angesehene Technologie-Magazin *Wired* schrieb: »Bots vereinigen sich, um die US-Wahl zu automatisieren.« Allein im Mai 2016 war nach einer Analyse von Twitter-Audit jeder vierte von Trumps 8 Millionen Followern ein Bot, ein automatisiertes Skript. Und die Bots haben sich vermehrt, schneller als die Follower. Die auf das Thema Onlinemarketing spezialisierte Werbeagentur eZanga sprach im Spätsommer 2016 von 4,3 Millionen Bots unter 11, 7 Millionen Followern. Bei Hillary Clinton sah das nicht viel anders aus: 3,1 Millionen Bots unter 8 Millionen Twitter-Anhängern. Also mehr als ein Drittel. Zum Glück bei beiden Kandidaten einigermaßen ausbalanciert, so schien es.

Wäre da nicht eine kleine, bis dato weithin unbekannte britische Firma namens Cambridge Analytica, deren CEO mit Namen Alexander Ashburner Nix bereits am 9. November 2016 eine Pressemitteilung versandt hatte, in der es hieß: »Wir sind begeistert, dass unser revolutionärer Ansatz der datengetriebenen Kommunikation einen derart grundlegenden Beitrag zum Sieg für Donald Trump leistet.« Schon bei anderer Gelegenheit hatte Nix nicht gerade bescheiden (und von manchen Experten angezweifelt) verkündet: Wir können »die Persönlichkeit jedes Erwachsenen in den USA berechnen (…) wir haben Psychogramme von allen erwachsenen US-Bürgern – 220 Millionen Menschen.« Die Basis: Big Data, psychologische Verhaltensanalyse, Facebook und sogenanntes Ad Targeting, also personalisierte, ganz genau auf die einzelne Person zugeschnittene Botschaften. Dieser explosive Cocktail war schon bei der Brexit-Kampagne zum Einsatz gekommen.

Plötzlich ergaben die oft extrem widersprüchlich anmutenden Twitter-Meldungen von Donald Trump einen Sinn. »Trump agiert wie ein perfekt opportunistischer Algorithmus, der sich nur nach Publikumsreaktionen richtet«, wie Cathy O'Neil bereits während des Wahlkampfes beobachtet hatte. Als Mathematikerin hat sie dafür einen geschulten Blick. Das zeigt auch ihr Buch *Weapons of Math Destruction*, in dem die Funktionsweise dieser algorithmischen Waffen präzise beschrieben wird. Genügt eine überschaubare Zahl von Facebook-Likes, um das Verhalten einer Person in gängigen Situationen vorherzusagen und um auf dieser Prognose basierend die Wahl- oder Kaufentscheidung der Person unmittelbar zu beeinflussen? Oder braucht es doch noch etwas mehr, nämlich eine Kombination von moderner Datenanalyse und der Fähigkeit, auf die Menschen zu hören, wie es Emmanuel Macron und das ihn unterstützende Start-up LMP im französischen Wahlkampf gezeigt haben?

Wir sind gerade am Anfang einer stürmischen Entwicklung. Die Frage ist: Wer lernt was von wem? Und wer lernt schneller? Die Bots werden ganz sicher dank der Entwicklungssprünge der künstlichen Intelligenz schlauer, anpassungsfähiger. Facebook hat auf der Facebook Developer Conference 2016 in San Francisco den Entwicklern grünes Licht gegeben, mehr automatisierte Apps für den Messenger zu bauen. Wie Poncho, die freundliche Wetter-App, die einem im Plauderton rät, heute besser einen Regenschirm mitzunehmen. Oder wie Quartz, die als News-App den iPhone-Usern die neusten Nachrichten übersendet und mit ihnen in einen lebendig erscheinenden Dialog tritt, angereichert mit Emojis und animierten Bildern. Vermögen wir uns vorzustellen, wie diese Dialoge in ein paar Jahren aussehen, wenn die Bots gelernt haben, uns noch besser zu imitieren und dabei noch persönlicher zu erscheinen? Werden wir dann glauben, uns selbst zu hören? Vermögen wir uns vorzustellen, wie wir die Welt sehen, wenn die Bilder beginnen, zu uns zu sprechen? Möglicherweise in einer verdoppelten, überaus anschaulichen, greifbaren, alle unsere Sinne ansprechenden, dreidimensionalen Realität, die wir über die dann lässiger und schlanker gebauten VR-Brillen wahrnehmen können? Werden wir dann den Satz verstehen: »Code is Law«?

»Superintelligenz«

Viele KI-Experten bestätigen das oben Gesagte: Wir stehen noch ziemlich am Anfang der Entwicklung dieser Technologie. Manche spekulieren auch darüber, ob diese in ihrer weiteren Evolution noch richtig mit dem Wort »Technologie« zu bezeichnen ist. Einer von ihnen ist der Mathematiker, Philosoph und KI-Forscher Nick Bostrom, der in Oxford lehrt und Mitbegründer der sogenannten »transhumanistischen« Bewegung ist. Er unterscheidet zwei Phasen der Entwicklung der künstlichen Intelligenz: die »Human-Level Machine Intelligence« und die »Superhuman-Level Machine Intelligence«.

Bislang und bis auf Weiteres, so die Einschätzung von Nick Bostrom, haben wir es mit der ersten Phase der Entwicklung zu tun, also mit einer künstlichen Intelligenz, die – trotz vieler Fortschritte auf Spezialgebieten – das Niveau der menschlichen Intelligenz nicht übersteigt. Irgendwann aber wird die zweite Phase anbrechen. Vielleicht in 30, vielleicht in 40, 50 oder 60 Jahren. Dann werden wir oder die nachfolgenden Generationen eine neue Art der Intelligenz erleben, die das menschliche Vorstellungsvermögen übersteigt.

Man muss diese Annahmen von Nick Bostrom nicht teilen. Sie sind eine Mischung aus Berechnung und Spekulation – wie so vieles, was auf dem Gebiet der künstlichen Intelligenz (noch) vom Menschen erdacht wird. Man kann auch seine Zweifel haben, ob die auf Berechnung bauenden Spekulationen wirklich hilfreich sind. »The idea that digital machines no matter how hyper-connected, how powerful, will one day surpass human capacity is total baloney«, sagt beispielsweise der brasilianische Neurobiologe Miguel A. Nicolelis, der zu den führenden Forschern zählt, die Gehirn-Computer-Schnittstellen entwickeln. Er vertritt wie einige seiner Kollegen die Auffassung, dass unsere Gehirne nicht in einer algorithmischen Weise arbeiten. Das menschliche Bewusstsein sei das Resultat von unvorhersagbaren »nonlinear interactions among billions of cells«. Anders ausgedrückt: Der Mensch ist eine Erzählung, keine Zählung.

> Der MENSCH ist eine
> ERZÄHLUNG,
> keine Zählung

Aber man kann zumindest für einen Augenblick dem Gang der Argumentation des Oxforder Gelehrten folgen. Nick Bostrom setzt zunächst große

Hoffnungen in die Entwicklung: Wenn eines Tages eine Superhuman-Level-Machine das Licht der Welt erblicke, könnte es zu einer wahren »Intelligenzexplosion« kommen. Die »Superintelligence« der künftigen Maschinen wäre möglicherweise in der Lage, völlig neue Lösungsstrategien für komplexe Menschheitsprobleme zu erfinden – Strategien, die wir uns heute nicht einmal entfernt ausdenken können. Doch gerade weil diese neue Art der Intelligenz bislang unvorstellbare Fähigkeiten entwickeln kann, besteht auch die Gefahr, dass sie Unvorstellbares anzurichten vermag. Wer könnte heute voraussehen, in welche Richtung dieses Unvorstellbare gehen mag? Müsste man nicht, so die Frage von Bostrom, schon heute das Blickfeld öffnen und den Radius bei der Modellierung und beim Trainieren der KI-Systeme viel weiter fassen als bisher? Wie kann man die KI-Entwicklung um die soziale Dimension (Bostrom spricht von der »Social Epistemology«) erweitern? Müssten die Software und KI-Agenten nicht Werte lernen (»Aquiring Values«)? Geht das überhaupt? Und wenn ja, wie?

Bostrom hat auf diese Fragen selbst bislang keine ihn völlig befriedigenden Antworten gefunden. Aber er möchte, dass wir alle – und insbesondere die Akteure der KI-Community – uns stärker als bisher mit diesen Fragen beschäftigen. Wenn dies nicht geschieht, so seine Befürchtung, könnte die Entwicklung irgendwann außer Kontrolle geraten und tatsächlich explosiv werden: »Before the prospect of an intelligence explosion, we humans are like small children playing with a bomb.«

Diese äußerste Zuspitzung findet sich in einem Text, der sonst eher nüchtern, analytisch, kognitiv-rational gehalten ist. Nur am Anfang seines Buches *Superintelligence* wählt Bostrom eine andere, poetischere Sprache. Er kleidet seine Gedanken in eine Geschichte. Er nennt sie eine unvollendete Fabel. Eine Geschichte, die viel mit der Geschichte unseres Alltagsdenkens zu tun hat. Eine Geschichte, die ich gerne mit eigenen Worten vorstellen und mit einer weiteren kontrastieren möchte.

Von Spatzen und Eulen

Die Zeit des Nestbaus war gekommen. Die Spatzen saßen zusammen und überlegten, was sie tun könnten, um sich die Arbeit zu erleichtern, die ihnen bevorstand. Ein Spatz machte den Vorschlag: »Wir könnten doch eine Eule engagieren, die für uns die Nester baut.« »Eine gute Idee«, pflichtete ihm ein anderer Spatz bei. »Die Eule könnte dann gleich bei uns bleiben und später auch auf die Jungen aufpassen. Sie könnte uns manchen Rat geben und uns vor der Katze des Nachbarn warnen. Lasst uns gleich nach einer verlassenen Jungeule oder einem Eulenei suchen und dann ziehen wir die Eule groß.« Alle Spatzen nickten. Nur der einäugige Spatz Scronkfinkle war nicht damit einverstanden. »Der Plan hat einen Haken«, warf er ein. »Wird es möglich sein, die Eule zu zähmen?« Doch sein Einwand ging unter im lauten Tschilpen und Zwitschern der anderen Spatzen, die sich sofort auf den Weg machten, nach einem Eulenei zu suchen.

Das Schöne an dieser Geschichte ist nicht nur, dass sie unvollendet ist. Sie ist auch uneindeutig – wie die Wesen, die in ihr auftreten. Zum Glück haben wir nach Meinung von Bostrom noch etwas Zeit, über die existenzielle Frage nachzudenken, die sie stellt. Man könnte diese Frage auch so formulieren: Was passiert, wenn wir Menschen mit den von uns geschaffenen, selbstlernenden Maschinen immer enger interagieren – *was lernen wir voneinander?*

Prometheus und Epimetheus

Das bringt mich zur zweiten Geschichte, die von Platon in seinem Protagoras-Dialog erzählt wird. Und diese geht so: Zeus hat die Erde und die Lebewesen erschaffen. Zufrieden gibt er den beiden Halbgöttern Prometheus und Epimetheus den Auftrag, sich um die Lebewesen zu kümmern und dafür zu sorgen, dass sie Eigenschaften bekommen. Epimetheus übernimmt die Aufgabe und stattet alle Arten mit einer Eigenschaft aus, die sie einzigartig macht. Die einen können ganz schnell laufen, die anderen besonders gut sehen, wieder andere richtig gut kämpfen, andere hervorragend schwimmen, andere sind durch ihr Fell in der Lage, sich vor der größten Kälte im Winter zu schützen, und so weiter. Schließlich ist noch ein Lebewesen übrig. Es ist völlig nackt, kann kaum etwas – das ist der Mensch. Jetzt tritt Prometheus in Aktion. Er geht in das Lager der Götter und stiehlt das Feuer. Mit dem

Feuer kann der Mensch überleben. Es ist die technische Intelligenz. Doch bald wird er kriegerisch und droht die anderen Lebewesen und sich selbst auszurotten. Nun springt Zeus wieder ein, denn er hat Mitleid mit den Menschen. Daher schenkt er ihnen zwei Tugenden: zum einen die Scham oder die Tugend, auf den anderen Rücksicht zu nehmen – die soziale Kompetenz. Und zum anderen das Gerechtigkeitsempfinden oder die Tugend zu erkennen, wenn jemandem Unrecht getan wird. Zeus sagt dazu: Das sind Geschenke. Die könnt ihr nicht stehlen, nicht kaufen und nicht verkaufen. Ihr könnt sie nutzen oder nicht. Wir würden heute vermutlich sagen: Es sind Werte, verinnerlichte Werte. Obwohl das Wort »Tugend« die Sache besser trifft. Eine sehr alte Geschichte, eine antike Schöpfungsgeschichte, die aber vielleicht etwas mit den schöpferischen Aufgaben zu tun hat, vor denen wir in den kommenden Jahrzehnten stehen.

Kollege Roboter

Der Physiker und Manager Henning Kagermann spricht von einer »kopernikanischen Wende«, die nicht nur die Produktion, sondern die Organisation und die gesamte Arbeitskultur verändere. Er steht mit dieser Einschätzung nicht allein. Wir erleben nun zum ersten Mal, »wie Informationstechnik in Form der Sensoren auch in die Produkte eingebettet wird. Die smarten, vernetzten Produkte werden die Art, wie Unternehmen funktionieren und wie sie organisiert werden, viel stärker verändern als alle früheren Entwicklungsstufen der Informationstechnik«, sagt Harvard-Professor Michael E. Porter.

Die physische Welt der Dinge, der Maschinen und Produkte verschmilzt mit den Datennetzen zu »cyber-physikalischen Systemen«. Ziel ist die »intelligente Fabrik«, selbststeuernd, lernfähig, flexibel. Dazu gehört die intelligente Steuerung und Wartung der Maschinen und Produkte, die »predictive maintenance«. So stattet etwa die Firma Kaeser ihre Maschinen und Anlagen der Druckversorgung mit Sensoren und einem eigenen Steuerungssystem aus. Das bedeutet nach den Worten ihres Geschäftsführers Thomas Kaeser »weniger Redundanz, geringere Kosten und gleichzeitig eine Verbesserung der Energie-Effizienz«. Ähnlich sieht es thyssenkrupp-Chef Heinrich Hiesinger. »Wir bauen Sensoren in unsere Aufzüge ein und sammeln die Betriebsdaten in der Cloud. Wir messen zum Beispiel die Temperatur des Antriebsmotors, die Fahrgeschwindigkeit und die Türfunktion. Mit Hilfe von Vorhersagemodellen berechnen wir die Ausfallwahrscheinlichkeit. Konnten unsere Techniker bislang oft erst reagieren, wenn der Aufzug bereits ausgefallen war, greifen sie jetzt ein, bevor aufwendige Reparaturen nötig werden.« So »sinkt der Wartungs- und Reparaturaufwand. Das nützt dem Kunden und ist zugleich wirtschaftlicher und umweltfreundlicher.«

Wenn es ein Thema gibt, das deutsche und amerikanische Manager gleichermaßen begeistert, dann ist es das Thema »Industrie 4.0« oder »Industrial Internet«. Der Nutzen ist vielfältig und scheint offensichtlich. Man kann günstiger, wirtschaftlicher und umweltfreundlicher produzieren. Und vor allem individueller. Erstmals wird es möglich, in der Massenfertigung das einzelne Stück anzusteuern. Losgröße 1. Einzelstücke in der Massenfertigung, insbesondere in Verbindung mit dem 3-D-Druck. Das ist sensationell – technologisch und historisch betrachtet. Es bedeutet eine Transformation der industriellen Produktion.

Das lässt sich auch leicht veranschaulichen. Etwa am Beispiel individuell designter Sportschuhe von Adidas. Oder anderer individuell gefertigter Sportgeräte. Joe Kaeser, der andere Kaeser, Vorstandsvorsitzender von Siemens, demonstrierte auf der Hannover Messe 2016 seinem Gegenüber die Kompetenz von Siemens in Sachen Digitalisierung und »Industrial Internet« anhand eines Golfschlägers. Es war der Golfschläger einer amerikanischen Firma und sein Gegenüber war der damalige Präsident der Vereinigten Staaten, Barack Obama. Kaeser erklärte: Für diesen Golfschläger hat Siemens ein Simulationswerkzeug entwickelt. Es misst den Körper des Spielers, simuliert Bewegungen und auf dieser Basis kann dann ein individueller Schläger gebaut werden. Und zwar zum Preis eines Schlägers aus der Massenproduktion. Später fügte er hinzu: Die Digitalisierung mache aus Obama »einen besseren Golfer«.

Solche Geschichten sind schön, aber nicht mehr wirklich überraschend. So wie das Thema »Industrie 4.0« in den meisten deutschen Firmen angekommen ist. Von Siemens über Wittenstein und Bosch Rexroth bis hin zu vielen mittelständischen Weltmarktführern in beinahe allen Branchen und Regionen. Es braucht dazu: Digitalisierung, Roboterisierung und Automatisierung. Es braucht dazu: hoch qualifizierte Arbeitskräfte, die bereit sind, ständig weiterzulernen, interdisziplinär arbeitende Ingenieure und Pro-

Industrie 4.0: eine neue Kooperationskultur, die die ROBOTER miteinbezieht

grammierer. Am besten mit einer Doppelqualifikation. Und es braucht dazu: ein neues Miteinander, eine neue Kooperationskultur. Neu auch deshalb, weil die Kooperation die Roboter miteinbezieht. Für die hoch qualifizierten Arbeitskräfte in der Produktion ist der Roboter längst zum Kollegen geworden. Sie gehen selbstverständlich damit um. Da gibt es kaum noch Berührungsängste. Roboter werden mit der Zeit vertraut. Man kann sich auf sie verlassen.

Maschinen, Anlagen, Regeltechnik, Steuerungssysteme, Mechatronik, Automatisierung, Modularisierung, Flexibilisierung, Sensoren – da sind deutsche Hersteller Weltspitze. Da sind sie in ihrem Element. Deshalb ist Industrie 4.0 ihre Domäne. Da macht ihnen so schnell keiner was vor. Und wenn doch, lernen sie schnell, sind anpassungsfähig und holen schnell auf.

Bruchstellen

Was aber, wenn es gilt, große Datenmengen zu bearbeiten? Überhaupt sie erst einmal zu speichern? An wen wendet man sich da am besten? Vielleicht doch lieber an Microsoft? Oder an IBM oder an Google oder an Amazon? Warum fallen immer wieder diese Namen, wenn man mit deutschen Managern über dieses Thema spricht? Es ist sicher kein Zufall, dass der Fraunhofer-Präsident Reimund Neugebauer einen deutlichen Unterschied macht zwischen dem Thema »Industrie 4.0« und dem Thema »Industrial Data Space«. Das erstere ordnet er ein in die Kategorie »evolutiv«. Für das zweite wählt er die Kategorie »disruptiv«. Will sagen, das Thema Daten ist für die deutsche Industrie eine ziemliche Herausforderung. Denn die kalifornischen Wettbewerber stehen als Freund und Partner mit ihren Cloud-Diensten und mit ihren Servern schon im Lande und uns zur Seite. Manchmal auch mit anderen Diensten. Wie das verschwiegene Big-Data-Start-up Palantir, das seit 2017 dem Darmstädter Pharmaunternehmen Merck dabei hilft, große Datenmengen zu analysieren, um individuelle Impfstoffe für die sogenannte Immunonkologie zu entwickeln. Denn Merck-Chef Stefan Oschmann ist davon überzeugt, dass wir durch die Kombination von Big Data und künstlicher Intelligenz »am Beginn einer grundlegenden Revolution« stehen: »Nie zuvor in der Geschichte der Medizin ist so viel passiert.«

Auch die Vernetzung von Maschinen, Anlagen, Produkten, Produktionsprozessen und Wertschöpfungsketten ist für deutsche Hersteller nichts Neues. Das gehört zu ihren Kompetenzen. Sonst hätten sie sich in den letzten Jahren nicht im globalen Wettbewerb behaupten können. Viele von ihnen als Weltmarktführer. Was aber, wenn es gilt, sich herstellerübergreifend zu vernetzen, beispielsweise in einer Branche oder gar branchenübergreifend, und dabei Produkte und Dienstleistungen zu verknüpfen? Und zwar so zu verknüpfen, dass der Kunde es ganz einfach hat, darauf zuzugreifen und das für ihn passende Produkt bzw. die passende Dienstleitung, die passende Anwendung auszuwählen, zu ordern, geliefert zu bekommen, so bequem und schnell, wie er es sich wünscht? Sei es der größere Industriekunde oder der kleine Konsument? Wo stehen wir hier? Kommen wir noch nach? Wir sind doch alle herstellerorientiert ausgebildet, trainiert, sozialisiert worden. Einschließlich des Handels. Das Wort »Plattformen« kam bislang weder in den Ingenieurswissenschaften noch in der Betriebswirtschaft vor. Oder allenfalls unter »ferner liefen«. Wie baut man überhaupt große Plattformen?

Ich weiß, es gibt Ausnahmen. SAP hat es geschafft, mit HANA eine digitale Plattform mit integriertem Cloud-Angebot zu entwickeln und dabei in der Markterschließung strategisch geschickt mit Wettbewerbern wie Microsoft zu kooperieren. Ausnahmen gibt es vor allem auch bei den Plattformen, die physikalische Welten und digitale Welten verbinden. Also da, wo industrielle Kompetenz in Kombination mit digitalem Know-how gefragt ist und wo es immer wichtiger wird, sich mit anderen auszutauschen. So hat zum Beispiel ein Team um Professor Thomas Bauernhansl vom Fraunhofer IPA schon früh damit begonnen, eine offene föderative Cloud-IT-Plattform, genannt Virtual Fort Knox, für das produzierende Gewerbe aufzubauen. Klöckner-Chef Gisbert Rühl konzentriert sich seit einigen Jahren darauf, eine Plattform für den Stahlhandel zu etablieren, und das macht er strategisch klug und konsequent. Trumpf hat Axoom ins Rennen geschickt, als offene Plattform für die Fertigungswelt. Bosch hat eine eigene IoT-Cloud-Plattform für das Internet der Dinge entwickelt. Und wenn es ein Unternehmen gibt, das sich die Aufgabe der Vernetzung in einer »Connected World« ganz groß auf seine Fahnen geschrieben hat, dann ist es Bosch. Volkmar Denner sagt: »Die Vernetzung, wie wir sie heute verstehen, war von Anfang das Werk einer weltweiten Community. Inzwischen vernetzen wir nicht nur Milliarden Menschen, sondern auch Milliarden Dinge.« Und natürlich Siemens. Siemens hat MindSphere gestartet, ein offenes Betriebssystem für das Internet der Dinge. Doch viele andere sind schon da. Ist die Aufholjagd zu schaffen? Und wenn ja, wie und in welchen Bereichen? Oder wird vielleicht etwas aus dem Projekt, das die Allianz, die Deutsche Bank mit ihrer Tochtergesellschaft Postbank, Daimler und Axel Springer zusammen mit den IT-Unternehmen Core und Here im Mai 2017 der Öffentlichkeit vorgestellt haben? Eine gemeinsame Internetplattform, über die sich Nutzer mit einem einzelnen Schlüssel Zugang zu verschiedenen Diensten verschaffen können. Die Beteiligten verstehen ihr Projekt bewusst als Alternative zu Google, Facebook & Co. Sie wollen gemeinsam eine »wettbewerbsfähige, europäische Antwort auf die internationale Plattformwirtschaft« auf die Beine stellen. Das ist eine Ansage.

Die Magie der Plattformen

Es gibt ganz unterschiedliche Arten von Plattformen: von Plattformen im Automobilbau über Plattformen im sozialen Raum bis hin zu digitalen Plattformen. Von diesen gibt es wiederum ganz unterschiedliche Typen, mit unterschiedlichem Technologiedesign, mit unterschiedlicher strategischer Intention, mit branchenspezifischer oder branchenübergreifender Ausrichtung, mit verschiedenen Anwendungstiefen, verschiedenen Anwendungsgebieten etc. – darunter zunehmend solche, die Märkte strukturieren und grundlegend verändern. Manche sprechen deshalb von einer »Plattform-Revolution«, andere von einem neuen »Plattform-Kapitalismus«, wie Sascha Lobo in einer von vielen gelesenen Kolumne auf *Spiegel Online*.

Diese Plattformen stellen eine technische Infrastruktur, Raum für andere Anbieter und Käufer sowie für diesen »Raum der Räume« entwickelte Produkte und Dienstleistungen zur Verfügung – und zwar auf verschiedenen Ebenen. Diese Kombinationen sind für die Anbieter (etwa für Hersteller oder für Applikationsentwickler oder für Verkäufer ihrer Arbeitskraft) wie für die Käufer (etwa für die Endkunden oder Unternehmen, die Arbeitsleistungen einkaufen) attraktiv und nützlich. Sie verknüpfen unterschiedliche Akteure eines Ökosystems, bieten eine Datendrehscheibe und vermitteln zwischen den Akteuren dieses Systems.

Alle großen und bekannten Tech-Companies sind Plattformbetreiber: Apple, Google, Amazon, Facebook, eBay, Uber, Airbnb etc. Sie wissen, wie es geht und was es heißt, eine erfolgreiche Plattform für Konsumenten zu bauen. Und sie wissen um die außergewöhnliche, gleichsam magische Kraft, die diese Plattformen entwickeln können. Denn ihre eigenen sind auf geradezu unheimliche Art gewachsen.

Das liegt an zwei neuen Realitäten. Sie sind der Grund dafür, dass Plattformstrategien sich erheblich von klassischen Strategien unterscheiden: Erstens ist es mittels gut gebauter Plattformen möglich, gezielt den Netzwerkeffekt zu nutzen und zu beeinflussen, um Märkte zu machen – nicht nur, um Anteile im Markt zu vergrößern, sondern um den Markt selbst zu vergrößern. Thomas Ramge hat das einmal so beschrieben: »In der Sprache der Wissenschaft handelt es sich bei Facebook & Co um ›Systeme mit positiver Rückkopplung‹. Mit jedem neuen Akteur auf der Plattform – Kunde oder Anbieter – steigt der Nutzen für alle Teilnehmer. Dies führt zu sogenannten Netzwerkeffekten. Das bedeutet: Ist eine kritische Masse an Nutzern erst einmal erreicht, wächst ihre Zahl nicht mehr linear wie auf traditionellen Märkten, sondern exponentiell. Sättigungseffekte treten bei den wirklich erfolgreichen Plattformen erst ein, wenn sie eine marktbeherrschende Stellung eingenommen haben.«

Zweitens haben Plattform-Betreiber die Möglichkeit, ihren Einflussbereich in einer ganz neuen Weise massiv zu erweitern. Als Plattformbetreiber nutze ich nicht nur meine eigenen »Business Opportunities«, sondern vergrößere die Zahl meiner Möglichkeiten, indem ich meinen Partnern im Ökosystem zu mehr Gelegenheiten verhelfe. Man spielt sozusagen über Bande. Und man spielt noch in einer anderen Dimension, wie es Geoffrey G. Parker, Marshall W. Van Alstyne und Sangeet Paul Choudary in ihrem Buch *Platform Revolution* formuliert haben: Das Strategiespiel wird zu einem »dreidimensionalen Schachspiel«. Hier wird auf drei Ebenen miteinander gekämpft: Plattform gegen Plattform, Plattform gegen Partner, Partner gegen Partner. Aber die Partner (bzw. Anbieter, Entwickler, Hersteller, Verkäufer) machen die Plattform erst groß.

Und dieses dreidimensionale Strategiespiel zur Eroberung von gigantischen Einflussbereichen auf diesem Globus funktioniert, ohne dass die Eroberer über größere Truppen oder nennenswerten physischen Besitz verfügen. Sie besitzen nur Algorithmen, Softwaresysteme, Daten. Das ist eine neue, ganz andere Maschinerie, *eine große unsichtbare Maschinerie*, die in der Welt und für die Welt der Bits konstruiert und designt wurde. Eine Maschinerie, die ständig weiterentwickelt wird bzw. sich selbstlernend weiterentwickelt. Und die vor allem größer wird, wenn sie schon groß ist. Eine kleine Geschichte mag das illustrieren.

Vom menschlichen Wissen zum Algorithmus

Am Anfang war eine geniale und großzügige Idee: Eine Suchmaschine stellt dem Sucher Inhalte zur Verfügung. Die Inhalte stammen aus dem World Wide Web. Zwei Doktoranden der Stanford-Uni hatten die Idee: Um die Inhalte zu ordnen und zu kategorisieren, erstellten sie von Hand eine Art Katalog, einen riesigen Bibliothekskatalog des online gestellten Weltwissens. Die Idee begann zu fliegen. Aus den beiden Doktoranden wurden erfolgreiche Firmengründer, die sich gegen zahlreiche Wettbewerber behaupten konnten. 800 Mitarbeiter erwirtschafteten 1999 einen Pro-Kopf-Umsatz von 560 000 Dollar. Das waren die Pionierjahre der Yahoo-Gründer David Filo und Jerry Yang, der später noch eine wichtige Rolle für Alibaba und dessen Gründer Jack Ma spielen sollte und der mir bei einem Besuch in Santa Clara auf dem Höhepunkt des Erfolges von Yahoo schlüssig erläuterte: »We have a lot of technology to help our surfers. But in the end it's the human knowledge that categorizes and builds the context around content.«

Doch dann kam es anders. Zwei andere geniale Erfinder namens Larry Page und Sergey Brin, die beide auch aus Stanford kamen, hatten einen Algorithmus erfunden, den sogenannten PageRank-Algorithmus, und damit reüssierte Google Inc.: Die Relevanz der Webinhalte konnte nun automatisch bestimmt werden. Das war eine Disruption. Es war billiger, man brauchte keine menschlichen Arbeitskräfte dafür. Human Knowledge war überflüssig, jedenfalls für die Bewertung, für Context und Content. Das übernahm nun Technology. Und die Sache ließ sich skalieren. Der Algorithmus

ALGORITHMEN ersetzen **menschliches** **WISSEN** und **KÖNNEN**

kann viel besser skalieren, als Menschen es können. Man könnte deshalb fast sagen: Der Siegeszug des PageRank-Algorithmus war die Mutter der digitalen Disruptionen durch algorithmische Systeme, die wir erlebt haben und noch erleben werden: Algorithmen ersetzen menschliches Wissen und Können. Das ist ihr Sinn. Dafür werden sie erfunden. So wie früher die schweren Maschinen in der industriellen Produktion menschliche Muskelkraft und Können ersetzten. Technik nimmt uns Arbeit ab. Das war schon immer so.

Mit der Suchmaschine und dem PageRank-Algorithmus legte Google die Grundlage für Wachstum und weltweite Ausdehnung. Dann kam 2008 die Markteinführung von Android. Ein Betriebssystem und zugleich eine Plattform für mobile Geräte wie Smartphones oder Tablets. Erst damit wurde Google im strengen Sinne zum Plattformbetreiber. Gut 80 Prozent aller Smartphones laufen heute mit Android. Und alle haben einen App-Store von Google – so wie die Geräte, die mit iOS laufen, einen App-Store von Apple haben. Der App-Entwickler muss zu einem von beiden gehen, um seine Anwendungen zu verkaufen. Er muss ihre Bedingungen akzeptieren, sonst kann er einpacken.

Digitale Assistenten

Die nächste Stufe zündete Google im Herbst 2016, als das Unternehmen »ein paar neue Dinge« vorstellte. Natürlich in San Francisco: das neue Smartphone »Pixel«, den neuen Multifunktions-Assistenten »Google Home« sowie eine neue VR-Brille. Eine Geräteoffensive auf breiter Front. Für jeden sichtbar und anfassbar. Dahinter aber stand und steht – und daraus machte der Chef von Google, Sundar Pichai, bei seiner Präsentation auch keinen Hehl – eine weitaus mächtigere Offensive, eine Zehnjahresoffensive der künstlichen Intelligenz mit dem Ziel, jedem Kunden sein eigenes Google zu bescheren: »We want to build a Google for each user.« Und er erklärte: »Maschinelles Lernen und künstliche Intelligenz setzen heute Fähigkeiten frei, die noch vor Jahren undenkbar gewesen wären.« Ob damit die Fähigkeiten der Menschen oder die der großen Maschinerie gemeint waren, ließ Pichai offen.

Auch erwähnte er nicht, dass diese Maschinerie nur deshalb so groß werden konnte, weil wir sie ständig mit unseren Daten füttern. »Die Datenmacht Google ist nicht zu brechen«, sagt Andreas Weigend, der selbst als Experte für Daten und »Chief Scientist« mitgeholfen hat, Amazon zum größten Onlinehändler der Welt zu machen.

Die nächste Stufe, die nächste Runde im globalen Wettbewerb der digitalen Transformation, darum geht es. Die nächste Stufe ist zugleich das nächste große Ding. Alle setzen auf künstliche Intelligenz, die mittels digitaler Assistenten möglichst viele Menschen an die eigene Plattform zu binden vermag. Man könnte auch sagen, sie besetzen die Mensch-Maschine-Schnittstelle neu. Apple hat Siri. Microsoft hat Cortana. Amazon hat Echo mit dem eingebauten Sprachassistenten Alexa. Google hat Home. Der digitale Assistent heißt hier schlicht »Assistant«. Jeder möchte den anderen nach Möglichkeit abhängen.

Und dann gibt es noch Viv, entwickelt als offenes System von den Leuten, die vor Jahren Siri erfunden haben. Viv soll alle anderen verdrängen. »Künftig wird jeder Mensch nur einen digitalen Assistenten haben wollen«, behauptet Dag Kittlaus, der Viv mit erfunden und das Start-up Viv Labs mit gegründet hat, bevor es von Samsung gekauft wurde. Ein geschickter Schachzug. Damit hofft Samsung, die Schlappe mit seinem entzündbaren Smartphone gutzumachen und sich zugleich für das Smart Home zu rüsten. Denn die digitalen Helfer werden uns künftig überall, in der Hand, am Körper, im Haus, im Büro, in der Fabrik und in den autonomen Fahrzeugen, zu Diensten sein.

Sie werden es auf Zuruf tun. Sie werden es spielerisch tun. Sie werden es personalisiert tun. Sie werden es so tun, dass wir das Gefühl haben, sie seien ein Teil von uns, sie seien gleichsam das »Echo« unserer eigenen Stimme. Der Markenname ist gut gewählt. Amazon versteht sein Geschäft.

Digitale Assistenten verstärken die Magie der Plattformen. Und sie verstärken ihre Macht. Der Internet-Pionier Jaron Lanier hat sie mal »Sirenen-Server« genannt, weil sie Internet-User anlocken, wie die Sirenen versuchten, Odysseus anzulocken. Dieser Einschätzung wird man künftig noch weniger widersprechen können. Man kann sie nur relativieren. Denn natürlich sind Assistenten nützlich. Sie reduzieren Such- und Arbeitsvorgänge. Sie machen vieles leichter. Sie steigern den Komfort. Man wird sie irgendwann kaum mehr missen wollen. Sie machen unsere digitalen Werkzeuge noch mehr zu Spielzeugen. Und sie werden noch menschenähnlicher. Eine neue Ära der Mensch-Maschine-Kommunikation hat begonnen. Die Frage ist nur: Wer bestimmt diese Kommunikation? Wer bestimmt, wohin sich diese Kommunikation entwickelt? Und mit welchen Werten?

Neue Welt? – Alte Welt?

KI und humane Intelligenz: Was lernen wir voneinander?
Wer bestimmt künftig unsere Kommunikation?

Eigenständige Lösungen

Doch, es gibt eine Welt digitaler Maschinen und Experimente neben den großen Plattformen. Sie ist reich, bunt, offen und steckt voller Überraschungen. Es ist auch nicht so, dass hierzulande kein Know-how vorhanden wäre, um eigenständige, zukunftsweisende Technologien und Plattform-Lösungen zu entwickeln. Die Fraunhofer-Institute habe ich schon erwähnt. Siemens habe ich schon erwähnt. SAP ebenso. Aber vielleicht sollte ich auch Scopevisio erwähnen, eine deutsche Software-Firma, die sich anschickt, SAP im Mittelstand mit einer Cloud Softwarekunden abzujagen.

Oder natürlich Tolino, das E-Book-Lesegerät deutscher Provenienz, das dem Kindle von Amazon mit rund 40 Prozent Marktanteil in Deutschland wirklich Konkurrenz macht. »Das gibt es sonst nirgendwo«, wie Nina Hugendubel sagt, die nach dem Philosophiestudium Unternehmerin geworden ist.

Es gibt unzählige Start-ups und Innovationsteams, die tolle, kreative Produkte entwickeln. Manchmal haben sie auch Rückendeckung von namhaften Unternehmen. Bei Burda tüfteln über 90 Leute aus mehr als 20 Ländern an Cliqz, einem Internetbrowser mit einer eigenen, neuen Suchmaschine, die Google Konkurrenz machen soll. Sie soll funktionieren, ohne dass die

Nutzer ihre Daten weitergeben. Dazu wurde eine eigene Anti-Tracking-Technik entwickelt. Das Versprechen lautet:»Wir müssen gar nichts über dich wissen. Daten, die nötig sind, um dir einen maßgeschneiderten Service zu bieten, bleiben unter deiner Kontrolle.« Ein spannendes Experiment. Aber wird es gelingen, es zu skalieren und zu monetarisieren?

Bei der Deutschen Telekom wird seit 2014 in den konzerneigenen Entwicklungslaboren T-Labs in Berlin an einem eigenen Messenger-Dienst gearbeitet. Er soll WhatsApp oder dem Messenger von Facebook Konkurrenz machen, so die Ankündigung. 2016 war es dann so weit: Das Produkt mit dem Namen »immmr« wurde vorgestellt und soll zunächst in Slowenien und Kroatien getestet werden. Aus dem 70-köpfigen Start-up-Team twitterte jemand:»immmr. It's mobile exploration, it's mobile freedom, it's mobile adventure.« Ob das gut geht? Ob diese App wirklich »ein globales Produkt« wird, wie Telekom-Vorstand Claudia Nemat ankündigte?

Unwillkürlich geht der Blick nach Asien, zuerst nach Südkorea. Dort gibt es einen eigenen Messenger mit dem Namen »Kakao Talk«, der einen erstaunlichen Funktionsumfang aufweist: Telefoniefunktion, Textnachrichten, Fotos, Videos und Sprachnachrichten. Kakao Talk ist ein kostenloser Instant Messenger, der in Asien bereits von über 200 Millionen Menschen genutzt wird. In Südkorea kann man damit auch Zahlungen tätigen – so wie mit WeChat in China. Kakao Talk ist spielerisch, leicht und einfach und läuft auf über 90 Prozent aller südkoreanischen Smartphones. Oder Toutiao. Toutiao wird von 600 Millionen Chinesen genutzt. Toutiao ist eine personalisierte, KI-gestützte Nachrichten-App, die lernt, was den Nutzer am meisten interessiert, und ihm nicht nur die entsprechenden Nachrichten, sondern auch dazu passende Geschichten und Videos zur Verfügung stellt.

Die Partei freut es. »Mit der künstlichen Intelligenz und den riesigen Datensätzen erfahren wir, was die Menschen über aktuelle Geschehnisse lernen«, so Zhu Huaxin, Sekretär des »Instituts zur Überwachung der öffentlichen Meinung«. Es gibt Zehntausende amtliche Kanäle. Und Präsident Xi Jinping hat den Parteimitgliedern empfohlen, damit zu arbeiten. Allein 2016 wurden von den Parteifunktionären 2,4 Millionen Geschichten und Videos auf Toutiao eingestellt. Diese wurde 8,2 Milliarden Mal angeklickt.

Das Beispiel Santander

Dabei gibt es so wunderbare Beispiele in Europa für intelligente, vernetzte Lösungen, die im Hinblick auf das Thema persönliche Daten eher konservativ angelegt sind. Zum Beispiel das Projekt Smart City der spanischen Stadt Santander. Santander gilt weltweit als eine der führenden Smart Citys. Fast alles, was anderswo nur auf dem Reißbrett existiert, wird hier schon seit Jahren erprobt. Natürlich werden hier förmlich an jeder Ecke und Straßenkreuzung Daten erhoben. Aber ausdrücklich keine personenbezogenen Daten. Sensoren melden, wo freie Parkplätze sind. Sensoren messen in Parks die Luftfeuchtigkeit, damit die Rasensprenger nur in Funktion treten, wenn es zu trocken ist. Die Stadt kann bis zu 80 Prozent der Stromkosten sparen, weil die Straßenlaternen mit Sensoren bestückt sind. Mittels einer App kann man die wichtigsten Informationen über Museen und Geschäfte studieren und vieles mehr. Und all dies mit großer positiver Resonanz der Bürger Santanders. Das Labor einer intelligenten und nachhaltigen Stadt der Zukunft – in Europa. Wir müssen uns nicht verstecken, weder hinter dem Entweder noch hinter dem Oder. Wir sollten uns vor allen Alternativlosigkeiten hüten, vor jedem Automatismus, der uns keine Wahl mehr lässt. Wir werden auch in vielen gesellschaftlichen Bereichen »smarte« Infrastrukturen und algorithmische Systeme brauchen, »um uns in extrem datenreichen Umgebungen bewegen [zu] können, ohne an den Datenmengen zu erblinden«, so der Züricher Medienwissenschaftler Felix Stalder. »Wenn wir etwa die Energieversorgung auf dezentrale, nachhaltige Energiegewinnung umstellen wollen, dann brauchen wir dazu intelligente, selbststeuernde Netze, die komplexe Fluktuationen von Herstellung und Verbrauch bewältigen können.« Die Frage ist nur, wie diese Systeme gebaut sind, wie transparent sie sind und wer über sie wie verfügt.

Die Kippfigur der neuen Verhältnisse

Jeder kennt Kippbilder: Während das Bild unverändert bleibt, ändert sich abrupt unsere Wahrnehmung. Die junge Frau, die sich in eine alte verwandelt. Der Kelch, der zugleich zwei Profile erkennen lässt. Die Ambivalenz der Bedeutungen fesselt und irritiert uns. Die Dinge springen um. So geht es uns oft in dieser Zeit.

Stellvertretend dafür steht die Figur des sogenannten Long Tail. Dieser Begriff wurde 2004 von Chris Anderson für bestimmte Phänomene der Internetökonomie geprägt. Der Long Tail (der »lange Schwanz«) ist eigentlich eine einfache Kurve, die illustrieren soll, dass Nischenprodukte eine größere Bedeutung bekommen: Kleinere Anbieter haben eine Chance, ihre Produkte und Leistungen online zu verkaufen. Sehr viele kleine Anbieter. Auf der einen Seite. Auf der anderen Seite macht dies größere Internetfirmen, insbesondere die großen Plattformen, noch stärker, denn sie können die Nischenprodukte in ihr Sortiment aufnehmen, ohne dass dies nennenswerte Kosten verursachen würde. Beispiel Amazon.

Das Long-Tail-Bild sagt deshalb zugleich: The winner takes it all. Je nachdem wie man es betrachtet. Die Kurve, die rechts flach und lang abfällt, steigt links steil an: Dort häufen sich die Bestseller und Verkaufsschlager, dort spiegelt sich die Marktmacht. Und wir reden immer von den gleichen Unternehmen und vom gleichen Mechanismus der großen Plattformmaschinerie. Hier das großzügige Angebot auf Teilhabe, dort das großartige Spiel des steilen Wachstums. »The winner takes it all« meint das, was es heißt. Wir wollen nicht einen Teil des Kuchens, wir wollen und bekommen ihn ganz. Oder fast ganz. Ein paar Krümel lassen wir noch für andere.

Dieses Phänomen hat nun ein paar nicht ganz unerhebliche soziale Auswirkungen. Auch dies ist wieder eine Kippfigur. Eine Kippfigur in unserem Kopf, denn die Figur selbst bleibt natürlich stets die gleiche. Die vielen kleinen Anbieter freuen sich über die Möglichkeit der Teilhabe. Man ist im Spiel, bekommt ein wenig Aufmerksamkeit und ein wenig Geld. Doch als Nischenanbieter im Normalfall zu wenig, um davon leben zu können. Viele, viele App-Entwickler können davon ein Lied singen. Es ist nicht das Lied vom Tod, aber es ist auch nicht das Lied vom Leben. Manche hoffen, dass sie irgendwann einen Hit landen. Auch die, die nicht im Musikgeschäft sind. Es kann ja sein, dass bei YouTube das frisch produzierte Video plötzlich unerwartet viele Clicks bekommt. Jeder kennt irgendeine Geschichte von irgendjemandem, dem das gelungen ist. Und dann winkt das Glück – zumindest für einen Augenblick. Man gehört, selbst wenn man mehrere Bestseller landen sollte, noch lange nicht zu den Plattformgewinnern. Aber man trägt mit seinen Bestsellern dazu bei, dass diese ihre Marktposition noch mehr ausbauen können. Je mehr Leute auf eine Plattform gehen, um dort etwas zu »sharen« oder zu »liken«, desto mehr wächst die Macht der

Plattformbetreiber. Die Mächtigen werden ermächtigt, noch mächtiger zu werden. Die Kosten für diesen Machtzuwachs sind überschaubar. Die Plattformbetreiber müssen dafür in der Regel auch kaum zusätzliches Personal einstellen.

YouTube wurde 2006 von Google gekauft. Für 1,65 Milliarden Dollar. Mitarbeiterzahl: 67. Instagram wurde 2012 von Facebook gekauft. Für 1 Milliarde Dollar. Mitarbeiterzahl damals: 13. WhatsApp wurde 2014 für 19 Milliarden gekauft. Mitarbeiterzahl: 55. Das ist die Kehrseite der Magie der Plattformen. Es sind die Dark Patterns der Internetökonomie. Ein Automatismus des Auseinanderdriftens, der sozialen Spaltung und Ungleichheit. Eine disruptive Schere. Jeder spürt das. Nicht nur im Rostgürtel in den USA. »Der Gesamtarbeitsmarkt läuft entsprechend Gefahr, dass in der Phase der ›kreativen Zerstörung‹ der zerstörerische Teil vor allem arbeitsintensive Bereiche in traditionellen Industriezweigen heimsuchen wird, während der kreative Teil neue Firmen und Branchen entstehen lässt, in denen schlichtweg nicht viele Menschen benötigt werden«, schreibt Martin Ford. »Die Zahl der neu entstehenden Arbeitsplätze wird dauerhaft hinter dem zurückbleiben, was für eine Vollbeschäftigung nötig wäre.«

Google bzw. der Konzern Alphabet hatte 2016 einen Unternehmenswert von über 550 Milliarden Dollar bei etwas mehr als 60 000 Mitarbeitern. General Electric hatte nur einen Unternehmenswert von über 400 Milliarden Dollar bei etwas mehr als 300 000 Mitarbeitern. Gutes Geld für gute Arbeit, diese Regel geht für viele nicht mehr auf. Für die Wertschöpfung braucht man immer weniger lebendige, bezahlte Arbeit. So entsteht Angst. So schwindet das Vertrauen in die Zukunft.

Es sind nicht die digitalen Maschinen, die den Menschen Angst machen. Es ist das Verhältnis von Gewinnern und Verlierern der großen vernetzten Plattformmaschinerie: einer kleinen Zahl großer Gewinner und einer großen Zahl kleiner Verlierer (oder im besseren Fall: kleiner Gewinner). Die digitale Transformation gerät an einigen Stellen in Konflikt mit der kreativen Revolution.

Konturen eines größeren Bildes

Den Long Tail kann man auch als Teil eines größeren Bildes sehen. Wenn man mit dem Stift die Kurve spiegelbildlich weiterzeichnet und sie auf beiden Seiten nach unten abrundet, entsteht der Umriss einer seltsamen Flasche mit einem sehr schmalen Hals und einem sehr breiten und ausladenden Bauch. Es ist extrem schwer, ganz nach oben zu gelangen. Nur wenige schaffen es. Anders ausgedrückt: Die soziale Architektur ist schlecht proportioniert und wenig funktional. Sie ist extrem. Das kann man nur durch Phrasen beschönigen. Eine Weile hat das funktioniert. Aber irgendwann ist da etwas zerbrochen. Jede Talkshow »führe den Populisten Wähler zu«, weil »die Phrasen nicht mehr anders als durch Affekte verarbeitet werden können«, wie Jürgen Kaube es in der *FAZ* in einem Artikel nach dem Wahlsieg Trumps formulierte. Es gibt offenbar in der Plattformwelt keine unsichtbare Hand mehr, die irgendwie korrigierend eingreift und wie vordem für das Wohl der gesamten Gesellschaft sorgt.

Noch einmal: Die neuen digitalen Maschinen machen den Menschen keine Angst. Weder die Roboter in der Produktion noch die Roboter im Haushalt noch die smarten, von Bots noch menschenähnlicher gemachten Devices in der Hand oder in den Büros. Und schon gar nicht die Maschinen, die mit anderen Maschinen kommunizieren, etwa damit sich Stromnetze dynamisch anpassen, wenn Bürger Strom beziehen oder ins Netz einspeisen wollen.

Die **MASCHINEN** zeigen sich **nicht als** Maschinen, sondern als **GEFÄHRTEN**

Die Maschinen, mit denen wir kommunizieren, geben sich nicht mehr als Rechenmaschine aus. Sie geben auch ihr Wesen als Datensammelmaschinen nicht unmittelbar preis. Sie streifen alles ab, was irgendwie an Maschinelles erinnern könnte. Sie betreiben Camouflage. Sie werden zu lustigen Spielzeugen, zu freundlichen Butlern, zu liebenswerten haustierähnlichen Gefährten. Man kann ihnen uneingeschränkt vertrauen. »Supertrust« heißt der Fachausdruck dafür.

Weil das so ist, wird auch einer der wichtigsten Aufträge, den sie in der Wirtschaft zu erfüllen haben, nicht aufgedeckt. Dieser Auftrag lautet: lebendige Arbeit zu ersetzen. Einige Organisationen, vor allem kleinere Eliteeinheiten, werden davon weitgehend verschont bleiben. Die anderen mögen sich mit dem Versprechen trösten, dass gute Leute mit den smarten Maschinen zu kollaborieren verstehen. Aber von »New Work« ist es nicht weit bis zur

»Work Fusion«, der vollständigen Automatisierung von Prozessen, die bis dato Menschen ausgeführt haben: »Wenn Sie derzeit mit einem intelligenten Softwaresystem arbeiten oder unter der Leitung eines solchen«, sagt Martin Ford, »können Sie mit ziemlicher Sicherheit davon ausgehen, dass Sie der Software (bewusst oder unbewusst) alles beibringen, was diese benötigt, um Sie eines Tages zu ersetzen.« Manche werden sich deshalb die Frage stellen: Werden wir noch gebraucht? Und wenn ja, für was? Der frühere Chef von Sun Microsoft, Bill Joy, erklärte vor einiger Zeit in der Zeitschrift *Wired* schon einmal ziemlich provokant zugespitzt: »Why the future doesn't need us«.

Man muss das nicht glauben. Man kann das anzweifeln und ganz anders sehen. Aber man muss akzeptieren, dass Menschen diese Befürchtung haben. Und dass es dafür Gründe gibt.

Sarah gegen Emma

Es gibt die beeindruckende Geschichte der jungen *Financial-Times*-Journalistin Sarah O'Connor, die im Rahmen einer Serie über Artificial Intelligence and Robotics im Frühjahr 2016 einen Selbstversuch wagte. Sie trat an gegen ein Schreibprogramm, das von einem kalifornischen »stealth Start-up« (also einem Start-up, das seine Identität nicht öffentlich preisgeben möchte) entwickelt wurde. Ihre Geschichte nennt sie: »My battle to prove I write better than an AI robot called ›Emma‹«. Sarah und Emma starten beide um 9.30 Uhr. Die Aufgabe besteht darin, in einem relativ knapp bemessenen Zeitraum einen kurzen Artikel über die aktuellen Beschäftigungsdaten in Großbritannien zu schreiben. Der Automat namens Emma war, wie zu erwarten, schneller. Er brauchte zwölf Minuten. Sarah benötigte 35 Minuten. Aber das besagte noch nichts. Wichtiger waren die Fragen: Wie würde das Ergebnis ausfallen? Wie stark würden die Qualitätsunterschiede sein? Würde das Gros der Leser diese Unterschiede sofort erkennen?

Ich möchte das Ergebnis nicht vorwegnehmen. Jeder möge selbst entscheiden. Hier die beiden Texte:

A: Wage growth — the missing piece in the UK's job market recovery — remained sluggish. Total average earnings growth fell from 2.1 per cent to 1.8 per cent, although this partly reflected volatile bonuses. Regular wage growth — which strips out that factor — held steady at 2.2 per cent. This is roughly half the speed that was typical before the recession.

B: A key challenge for the UK economy for the last several quarters has been poor wage growth driven in part by an influx of cheap labour, which has also clouded productivity measurement. On a unit basis, workers are essentially working more to produce less. Broadly speaking, the UK economy continues to be on an upward trend and while it has yet to return to prerecession, goldilocks years it is undoubtedly in better shape.

Was schätzen Sie: welcher Text stammt aus der Feder von Sarah, welcher wurde von der Maschine geschrieben? Fällt Ihnen die Antwort leicht? Sie lautet: A = Sarah; B = Emma. Sollte Sie dies erstaunen, möchte ich noch ergänzen, dass die Emmas dieser Welt erst ganz am Beginn ihrer Karriere stehen. Die künstliche Intelligenz ist gerade mal aus ihren Kinderschuhen heraus. Manche sagen: Sie steckt noch drin.

Die Lücke

»Wer die Gefahren fürchtet, kommt nicht darin um«, heißt es bei Leonardo da Vinci. Manche Erfinder von heute kennen keine Furcht vor Gefahr. Sie sind darauf auch noch stolz. Sie glauben, es reiche aus, technologische Erfindungen in die Welt zu setzen, und alles werde gut. Man habe nichts zu befürchten. In einem Artikel in *Wired* mit der Eingangszeile »Keine Angst, das tut nicht weh« wirbt Sebastian Thrun voller Begeisterung für seine Interpretation des technologischen Fortschritts: »Technologie macht so unfassbar schnelle Fortschritte. Wenn wir stillstehen, werden wir zurückgelassen.« Doch man müsse keine Angst haben. Er habe auch keine Angst: Vor Kurzem habe er ein Brainscan machen lassen, sagt Sebastian Thrun und zeigt auf seinem iPhone auf ein Bild. »Da oben ist eine Lücke. Ich glaube, das ist die Zone, in der beim Menschen die Angst sitzt.«

Diese Lücke – das ist das Problem. Hier fehlt etwas, was für das menschliche Zusammenleben, für das Verständnis von Geschichte und für unsere Zukunft auf diesem Planeten unabdingbar ist. Wir brauchen ein Gespür für Gefahren, ganz gleich ob man dieses Gespür Furcht oder Angst nennt. Furcht ist spezifischer, Angst allgemeiner. »In der Welt habt ihr Angst«, heißt es in einem schon etwas älteren Text. Auch wenn man an diesen Quellcode nicht mehr glaubt und viele Ängste für übertrieben hält, sollte man nicht glauben, man könne beim Erkunden einer neuen Welt auf das Alte verzichten. Kein erfahrener Bergführer wird sich damit brüsten, er sei ohne Angst. Und schon gar nicht wird er sich über diejenigen hinwegsetzen, die sich ihm anvertraut haben, wenn sie gestehen, dass sie Angst haben.

Wer keine Angst mehr kennt, wird auch keine Wege finden, Gefahren zu meiden, und keine Wege, den Menschen die Angst zu nehmen. Wer nur auf Technology setzt, ist deshalb ein schlechter Ratgeber und ein schlechter Führer. Man soll sich ihm nicht anvertrauen. Selbst wenn er Universitäten gründet. Mögen sie nun Udacity oder Singularity heißen. Wer sich hier einschreibt und nicht zum Ausgleich Geschichte, Ethik, Literatur oder Musik studiert, nimmt in Kauf, irgendwann halbseitig gelähmt zu sein. Diese Lähmung wird – metaphorisch gesprochen – durch die eben beschriebene Lücke im Gehirn verursacht. Und diese Lücke hat die Tendenz, sich auszubreiten. Sie hat deshalb sehr viel mit der anderen Lücke zu tun, die wir verharmlosend »digital gap« nennen, die aber tatsächlich eine soziale Lücke ist und die in den kommenden Jahrzehnten nicht nur in den USA, sondern in den meisten Ländern weltweit eher noch größer werden wird.

Dabei handelt es sich keineswegs bloß um eine Lücke in den Fertigkeiten im Umgang mit digitalen Technologien, die man mit Aus- und Weiterbildungsmaßnahmen gezielt verkleinern kann. Es ist vielmehr eine Lücke zwischen Gewinnern und Verlierern der digitalen Transformation. Natürlich sind die Gewinner in der Regel besser ausgebildet, versierter im Umgang mit den neuen Technologien. Sie sind aber auch generell leistungsstärker, fitter (körperlich und mental), besser an die neuen Hochgeschwindigkeitsbedingungen des Wettbewerbs angepasst. Sie sind agiler, wendiger, durchsetzungsfähiger. Manche sind auch einfach schlauer, gerissener, mit allen Wassern gewaschen. Sie spielen ihr Boys-and-their-toys-Spiel der Disruption. Sie setzen auf das Sharing, aber vor allem setzen sie auf sich selbst. Das ist keine Rocket-Internet-Science. Das gehört zu dieser Umbruchzeit wie zu jeder Umbruchzeit.

Die Logik der Dinge

Die Verknüpfung der Dinge durch digitale Plattformen – das ist ein großes strategisches Spiel und ein mörderischer Wettkampf. Gerade auf dem Feld des sogenannten »Internet of Things«. Hier sind die Claims noch nicht oder nur vorläufig abgesteckt, sodass noch recht viele Spieler im Rennen sind. Und jeder weiß, dass die anderen mit allen Tricks und harten Bandagen kämpfen. Hier öffnet sich ein riesiger (mindestens) dreidimensionaler Raum, mit sehr vielen Gelegenheiten – sofern man einmal Fuß gefasst hat und mit dem Tempo mithalten kann. Die Firmen, die sich in diesem Battle behaupten wollen, sind gefräßig. Andernfalls könnten sie nicht überleben. Jeder denkt sich neue – hoffentlich für andere disruptive – Angebote aus, die mit Daten, deren Speicherung, deren Analyse, mit der Cloud, mit KI, mit neuen Applikationen und neuen Services etc. zu tun haben. Möglicherweise auch mit der Blockchain-Technologie. Können dezentrale Peer-to-Peer-Netzwerke, die auf der Basis von Blockchain funktionieren, irgendwann die großen Plattformen gefährden? Keiner weiß es. Aber jeder weiß: Alle Neuentwicklungen müssen vermarktet und verkauft werden, sonst bringt es nichts. Und das geht meist nur über die Plattformen. Henning Kagermann sagt: »Entscheidend ist es, zu verstehen: Diese sogenannten Plattformen wirken nicht nur kostenreduzierend, sondern funktionieren als Aggregatoren riesiger Mengen von Daten. Das ist ja die eigentliche Basis der neuen Geschäftsmodelle. Letztlich ist das auch eine Machtfrage: Wer hat Zugriff auf welche Daten? Wer möchte welche Daten teilen? Und wer entwickelt aus den Daten das bessere Geschäftsmodell?«

Also werden alle Unternehmen, alle Manager und Führungskräfte, alle Finanz-, Controlling-, IT-, Personal-, Marketing- und sonstigen Abteilungen künftig überschüttet werden mit Angeboten, die mehr Effizienz, neue Einsparpotenziale, schnellere Bearbeitungszeiten und manchmal auch ein besseres Kundenerlebnis ermöglichen. Lückenlos. Jeder möchte den Geschäftskunden möglichst umfassend und total unterstützen. »Wir begleiten unsere Kunden umfassend beim digitalen Wandel«, heißt es in den Werbeprospekten. Es geht tatsächlich um die lückenlose Verbindung der Dinge: von der Herstellung bis zum Verbraucher. Von der Produktion bis zur Distribution. Von der Beschaffung bis zur Wertschöpfung. Von der Transaktion bis zur Analyse. Von den materiellen Ressourcen bis zu den humanen Ressourcen. Alles, ausnahmslos alles soll künftig digitalisiert, datenmäßig erfasst, gespeichert, ausgewertet werden bzw. in Echtzeit zur Verfügung stehen. Nichts soll »underperformen« oder suboptimal genutzt werden. Keine Sekunde ist zu verschenken. Jede Effizienzlücke ist zu schließen. Die Digitalisierung wird sie schließen. Auf ihre Art. Fragen Sie mal einen Wertpapierhändler, wie sinnvoll es wäre, im Hochfrequenzhandel Menschen einzusetzen. Diese Logik ist unerbittlich – und in sich schlüssig. Die Stärksten werden sich in dieser Welt behaupten können. Sie werden noch stärker werden. Manche beginnen sich zu fragen: Ist das der »Purpose« der Unternehmen der Internetökonomie?

Knappheit und Überfluss zugleich

Was die Sache so schwierig macht, ist, dass wir gleichzeitig einen großen Mangel und einen großen Überschuss haben. Viele Unternehmen suchen händeringend nach qualifizierten, am besten hoch qualifizierten Mitarbeitern: nach Informatikern, Softwareentwicklern, Ingenieuren (zumal solchen, die auch soziale Kompetenzen, Teamfähigkeit und Kreativität mitbringen). In der Automatisierungsindustrie, der Elektroindustrie, im Maschinenbau, in der Entwicklung und Fertigung innovativer mittelständischer Unternehmen, insbesondere bei der Umstellung auf Industrie 4.0 etc. Das gilt auch für die Ausbildung; schon jetzt können manche Unternehmen ihre Ausbildungskapazitäten nicht ausfüllen.

Und zugleich empfinden viele Menschen, dass sie überschüssig geworden sind oder bald überschüssig werden. In der Automobilindustrie, in großen Banken und Versicherungen, überhaupt in großen Unternehmen. Sie werden nicht mehr gebraucht, so ihre Befürchtung. Auf dem Arbeitsmarkt. In der Wahrnehmung der Gesellschaft. Ihre Fähigkeiten bringen ihnen nicht mehr viel ein. Sie mögen heute noch einen Arbeitsplatz haben. Aber morgen? Sie gehen noch zur Schule. Aber morgen? Werden morgen nicht auch viele von den besser Qualifizierten ihren Job an die noch schlaueren Maschinen verlieren? Werden wir überflüssig? Gehören wir zum Überschuss?

The Future of Employment lautet die Überschrift eines 70 Seiten starken Papiers, das Carl Benedikt Frey, Professor für Volkswirtschaftslehre an der Universität Oxford, gemeinsam mit seinem Kollegen Michael Osborne 2013 publizierte. Im Zentrum dieser Arbeit stand die eben beschriebene Beobachtung: Es kommt zu einer Aufteilung am Arbeitsmarkt zwischen hoch qualifizierten Gewinnern und weniger qualifizierten Verlierern, insbesondere solchen, die Routinetätigkeiten ausführen. Ziemlich weit unten in der sozialen Pyramide, die nicht mehr der klassischen Pyramide gleicht, werden natürlich weiterhin Arbeitskräfte gebraucht, die Dienste verrichten, für die nur eine sehr geringe Qualifikation erforderlich ist. Aber auch in diesem Sektor werden Automaten bald mehr und mehr Tätigkeiten übernehmen können. Frey und Osborne nennen das wie viele andere Forscher: »Job Polarisation«. Irgendwo in dieser kleinen Schrift taucht eine Zahl auf, eine Schätzung: 47 Prozent der Arbeitsplätze der US-Amerikaner könnten in Zukunft gefährdet sein. »According to our estimates around 47 percent of total US employment is in the high risk category.« Das wurde später in der Presse reißerisch hochgespielt. Dabei war die Frage nur, wie »automatisierbar Berufe aus heutiger Sicht sind«. Es war keine Prognose, wie viele Arbeitsplätze tatsächlich wegfallen werden, und schon gar nicht eine Aussage darüber, welche von den wegfallenden Arbeitsplätzen möglicherweise durch neu geschaffene ersetzt werden könnten.

ARBEITSMARKT: hoch qualifizierte Gewinner und weniger qualifizierte Verlierer

Frey und Osborne haben also nur das gemacht, was man von jeder guten Sozialforschung – wie von jeder guten Felderkundung – erwarten darf: Sie haben auf mögliche Risiken und Gefahren hingewiesen, die auf dem Gelände liegen, das wir in Zukunft durchqueren werden. Sie haben übrigens ihre Beobachtungen zwei Jahre später noch einmal gemeinsam mit Kollegen der Research-Abteilung der City Group überprüft und die Polarisierungsthese durch vergleichende Forschung gestützt. In dieser Studie mit dem Titel *Technology at work* finden sich ähnliche Zahlenwerte für europäische Länder. Das Risikopotenzial sieht hier nicht viel anders aus. Eine etwas später publizierte McKinsey-Studie mit dem Titel *Bayern 2025 – Alte Stärke, neuer Mut* kommt mit Blick auf die Entwicklung in Bayern zu einem ähnlichen Ergebnis: »Von der zunehmenden Digitalisierung und Automatisierung werden 40 Prozent der Arbeitsplätze in Bayern betroffen sein und damit bedroht, wenn nicht reagiert wird«, heißt es darin. Nun: 40 Prozent sind nicht 47 Prozent, mag man einwenden. Doch darum geht es nicht. Entscheidend ist auch hier das hohe Risikopotenzial. »Potenzial« bedeutet nicht: Es wird so kommen. Es bedeutet nur: Es kann so kommen.

Die Normalität des Widersprüchlichen

Ist das nicht wie bei allen disruptiven Prozessen? Wir wissen nicht genau, was passieren wird. Doch wir können uns auf einige der möglichen Entwicklungen einstellen. Wir können Vorbereitungen treffen. Mental, physisch, geistig, praktisch. Und davon handelt eigentlich das ganze Buch: Es gilt, die Widersprüche wirklich ins Auge zu fassen, damit sie uns nicht zerreißen. Also nicht einseitig, sondern beidseitig zu denken, neu zu kombinieren. Es gilt, Automatismen zu durchbrechen – auch und gerade die Automatismen der Automaten. Denn jeder Automatismus, der sich verselbstständigt, ist eine Bedrohung der Freiheit. Freiheit heißt, unterbrechen und neu anfangen zu können.

Nicht: Es wird alles super. Auch nicht: Es wird alles schlimmer. Nicht Augen zu und durch, es wird schon gut werden. Nicht vor Angst erstarren. Sondern vorausschauen, beide Augen aufmachen. »Wer nicht an die Zukunft denkt, wird bald große Sorgen haben«, heißt es bei Konfuzius. Und die Zukunft denken, ohne künftige Gefahren zu durchdenken, ist kein Denken, sondern Kopfnicken.

Es ist das Manko mancher Publikationen über die digitale Transformation, dass sie die sozialen Risiken dieser Transformation, wenn überhaupt, nur am Rande streifen – meist erst ganz am Ende unter »ferner liefen«, wenn das Gebäude der Argumentation bereits steht und das Richtfest gefeiert wurde. Da bleibt kein Raum für das Durchdenken der Gefahren. Nur noch der rhetorische Verweis auf den unerschütterlichen Gang des Fortschritts und auf die notwendige optimistische Grundhaltung der Akteure des Fortschritts. Wer mag da abseits stehen? Wer will da als Zweifler und Nörgler in die Ecke gestellt werden?

Mein Verdacht ist, dass die Risiken deshalb so stiefmütterlich behandelt werden, weil man ihnen nicht unmittelbar mit Technologie begegnen kann, also mit den Mitteln, die für Widersprüche kein Sensorium haben. Das ist so ähnlich wie mit den disruptiven Auswirkungen des Klimawandels. Wir übersehen in beiden Fällen etwas Wesentliches: Im Neuen ist das Zerstörerische mit enthalten. Das Neue ist nicht makellos – nur weil es technisch meist makellos erscheint. Das Neue zerstört das Alte.

Das ist ökonomisch meist fruchtbar, aber sozial oft furchtbar, für viele eine Katastrophe. Jedenfalls zunächst, bis sich auch sozial etwas Neues herausgebildet hat, das fruchtbar und tragfähig ist. Wäre es anders, hätte Schumpeter nicht von der schöpferischen Zerstörung sprechen müssen.

Beides zu denken, ist deshalb die Aufgabe. Nicht digital denken: entweder positiv oder negativ, schwarz oder weiß; wer nicht für uns ist, ist gegen uns. Das ist naiv oder ideologisch. Auch nicht: Es wird automatisch gut – weil es bisher immer gut gegangen ist. Das ist naiv und unhistorisch. Sondern fragen: Wo sind die Ansätze einer unguten Entwicklung, und wie können wir verhindern, dass diese Ansätze größer werden? Wie können wir kreativ Alternativen entwickeln und diese experimentell auf ihre Tauglichkeit testen – um die Menschen zu stärken? In einer freien Gesellschaft. Das ist erwachsenes, schöpferisches und zugleich verantwortliches Denken. Das Schöpferische im Zerstörerischen stärken, das ist die Herausforderung. Es ist die Rolle der kreativen Revolution in der digitalen Transformation.

Der Rhythmus der kreativen Revolution

Die kreative Revolution, so wie sie hier verstanden wird, weiß um die Langsamkeit der menschlichen Evolution. Diese kann nicht mithalten mit dem Tempo des technologischen Fortschritts. Sie macht nicht solche Sprünge wie die Disruption. Sie hat einen anderen Rhythmus. Die kreative Revolution wird überhaupt einfordern, dass wir uns mehr mit den Rhythmen menschlicher und sozialer Prozesse beschäftigen. Manche Organisationen haben ja beispielsweise schon damit begonnen, sich über den *Umgang mit der Zeit* ein paar neue Gedanken zu machen, um den Druck zu verringern, Pausen und Auszeiten bewusster wahrzunehmen, achtsamer zu werden und die Erfordernisse von Beruf und Privatleben besser auszubalancieren. Wir brauchen »a better Balance between Technology and Life«, fordert der amerikanische Autor und Berater Simon Sinek. Müsste das nicht über die Organisationsgrenzen hinaus in einem umfassenderen Sinn zum Thema gemacht werden – wofür nehmen wir uns welche Zeit und wie wird das honoriert? Gerade wenn hoch entwickelte Technologie uns einerseits so viel Arbeit abnimmt und uns andererseits so viel hoch verdichtete Zeit beschert? Wie wollen wir künftig überhaupt »Zeit« definieren – Arbeitszeit, Freizeit, Sinnzeit? Wollen wir das selbst definieren, autonom und selbstbestimmt? Oder soll uns das jemand abnehmen? (Weil wir ständig am Tropf unserer digitalen Assistenten hängen, die uns in jeder Minute einflüstern, was jetzt gut für uns wäre?) In einer nicht mehr fernen Zukunft, in der viele viel mehr Zeit haben werden, ohne dass klar ist, wie diese Zeit finanziert werden soll? Und das ist nur ein Feld von vielen. Wir haben in den vergangenen Jahrzehnten so viel Fantasie und Geld in Technology gesteckt, wird es nicht wirklich »Zeit«, in den kommenden Jahrzehnten etwas mehr *soziale Fantasie* zu entwickeln? Und zwar im Zusammenspiel mit den besten Technologien?

Deshalb ist disruptives Denken immer zweiseitiges Denken. Ein Denken in Polen und Spannungsfeldern. Es versteht etwas vom Rhythmus des Lebendigen, vom Gesetz der Kompensation in der menschlichen Natur: Für alles, was du gewinnst, verlierst du etwas. Jeder Exzess bewirkt einen Defekt. Die Natur hasst Monopole und Ausnahmen. »Wer einen Standpunkt der Ausschließlichkeit einnimmt, sieht nicht, dass er sich selbst die Pforten des Himmels verschließt, indem er andere auszuschließen trachtet. Behandle Menschen wie die Bauern im Schachspiel und du wirst geradeso wie sie leiden. Wenn du ihr Herz unberücksichtigt lässt, wirst du dein eigenes verlieren«, wie Ralph Waldo Emerson einmal gesagt hat.

> Für **ALLES**, was du **GEWINNST**, **VERLIERST** du etwas

Wir sind es gewohnt, Optimismus mit positivem Denken gleichzusetzen. Und kritisches Denken mit Pessimismus in Verbindung zu bringen. Meist läuft da jeweils eine lückenlose Assoziationskette ab, die uns kaum bewusst ist:

Kritisch – negativ– pessimistisch – nicht geeignet für die Zukunft!
Fortschrittlich – positiv– optimistisch – gut gerüstet für die Zukunft!

Aber das sind unbrauchbar gewordene Kopplungen, suggestive rhetorische Kniffs. Sie basieren auf einem archaischen Muster: Sie dienen dazu, die eigene Position zu immunisieren und die andere zu diskriminieren.

Ja, wir brauchen positive Gedanken. Doch nicht abstrakt, im leeren Raum. Sondern positive Gedanken und Zukunftsbilder in einer oft widrigen Realität. Wenn ich die möglichen Widrigkeiten im Vorfeld gedanklich ausklammere, werden sie mir später als negative Emotionen große Schwierigkeiten machen. Wir erleben das heute an allen Ecken und Enden – als Enttäuschung, Frust, Zorn, Wut, Hass. (Wir spüren das meist zu spät, da die Technologie auch keine Sensoren für das Hässliche hat, das den Hass nährt). Aus Angst wird Aggression. Weil vorher nicht achtsam und verständig mit der Angst umgegangen wurde. Weil weder das mögliche Negative richtig angeschaut noch das Positive als Zukunftsbild und Möglichkeitsraum richtig entwickelt wurde.

»Wenn ich starte, habe ich immer auch ein bisschen Angst. Für mich ist das ein positives Gefühl«, sagt Jérémie Heitz, einer der besten Steilwandskifahrer der Welt. »Dadurch bin ich mir meiner Situation bewusst und vollkommen fokussiert. Wenn ich mir zu sicher wäre, mache ich Fehler.«

Die Frage heißt also: Können wir in unserer Wahrnehmung Kritik und Pessimismus entkoppeln? Sind wir in der Lage, die Kette kreativ aufzubrechen? Und die Monotonie zu überwinden – mehr Jamming als Marschmusik? Brauchen wir nicht einen klügeren und stärkeren Optimismus? Stärker, weil er kritisch ist? So wie der kritische Rationalismus stärker ist als der bloß berechnende Rationalismus. Weil er die Schwachstellen der Entwicklung (und der eigenen Position) nicht ausklammert, sondern sich ihnen stellt? Weil er sich also in mögliche Angreifer hineinversetzen kann? Auch wenn sie einem ganz fremd sind?

Die Aufgabe

Vielleicht bleibt die große soziale Disruption, der Angriff auf unsere industriegesellschaftlichen Modelle von Arbeit, Beschäftigung und sozialer Sicherung aus? Das ist natürlich denkbar. Es ist auch denkbar, ja sogar eher wahrscheinlich, dass in den nächsten Jahren kein Feuer in Ihrer Wohnung ausbricht und niemand in Ihr Auto einbricht. Und doch sind wir gegen all diese Risiken versichert. Wir haben materielle Vorsorge getroffen. Disruptive Thinking ist so etwas wie eine geistige Vorsorge. Damit wir uns nicht eines Tages vorwerfen müssen, wir hätten nur auf das Hier und Jetzt geschaut, wir hätten uns behaglich im unserem Augenblickspragmatismus eingerichtet und nicht bemerkt, aus welcher Ecke Angriffe gestartet wurden.

Disruptives Denken ist Grundlage eines robusteren, *erweiterten Realismus*, der danach trachtet, die Zahl der Wahlmöglichkeiten zu erhöhen, und dafür rechtzeitig Vorkehrungen trifft. Bismarck wusste, warum er die Sozialgesetzgebung durchbrachte, auch wenn das manche seiner Zeitgenossen für Humbug hielten.

Auf der pragmatischen Ebene bedeutet das, all das zu tun, was wir bisher schon kennengelernt haben und was disruptives Denken ausmacht: Fragen stellen und sich selbst infrage stellen, sich nichts vormachen, sich hineinversetzen in mögliche Angreifer, selbst den Angreifer spielen, also spielerisch das eigene »Geschäftsmodell« von Arbeit und Beschäftigung angreifen, das eigene Programm »hacken«, die Schwachpunkte lückenlos und gnadenlos aufdecken. Dann fragen: Wie könnten neue Modelle aussehen? Neue Kombinationen, die Wert und Arbeit schaffen? Global und regional? Unter Nutzung der neuen Technologien und der grenzüberschreitenden Vernetzung? Intelligentere, kreativere, der Zeit entsprechende, selbstorganisierte und vernetzte, überraschend einfache, die Schmerzen lindern und vielleicht wieder Freude machen? Dies auf allen Ebenen, in allen Bereichen, in allen Sektoren, in allen Disziplinen.

Warum sollten wir nicht versuchen, Gedanken und Menschen zusammenzuführen, die bislang in ihren Bereichen getrennt agieren, um gemeinsam experimentell darüber nachzudenken, wie vielleicht die nächste Stufe der Entwicklung aussehen könnte? Wäre das nicht eine verbindende Aufgabe für die vielen »smart creatives«, die sonst meist vereinzelt arbeitenden Akteure der kreativen Klasse? Braucht es nicht so etwas wie eine neue, zweite Aufklärung? Nicht nur eine digitale, sondern eine weiter und offener verstandene Aufklärung? Ein »Sapere aude« mit dem Ziel, einen neuen Ausgang aus den selbst verschuldeten Abhängigkeiten und Unmündigkeiten dieser Zeit zu finden? Oder sind wir vielleicht schon mittendrin in dieser Bewegung des »Selbstdenkens«? Ich spüre es überall, dass Menschen wieder Lust bekommen, ihren eigenen Verstand zu gebrauchen – im Zusammenspiel mit anderen. In Unternehmen wie in politischen oder sozialen Organisationen. Dass sie das Bedürfnis haben, über das Menschenbild in den neuen Mensch-Maschine-Verhältnissen nachzudenken, und sie sich fragen: Wie können wir unsere Autonomie, unsere Meisterschaft und unser Verständnis von Sinn in diesen Verhältnissen zugleich behaupten und neu verstehen lernen? Das berührt den tiefsten Grund unserer Motivation. Da ist eine Suchbewegung entstanden, der wir Raum geben sollten. Das tun wir nicht, indem wir die alten Weltbilder, die wir als Fundsachen in unseren Köpfen aufbewahrt haben, als Leitbilder anpreisen. Sondern indem wir zuhören und neugierig werden, was da gerade entsteht. Und indem wir die Menschen stärken, die sich ihr eigenes Bild von der Zukunft machen wollen.

Möglicherweise braucht es auch eine Art »New Deal«, einen wirklich neuen, grenzüberschreitenden, temporären Zukunftsvertrag. (Auch wenn man dem historischen New Deal und den Gedanken von Keynes sonst kritisch gegenübersteht, kann man darüber ja mal neu und vorurteilslos nachdenken.) Zentral und vor allem dezentral, in großen und kleinen Unternehmen, in Start-ups, in Verbänden, in der Politik, in Parteien, in Gewerkschaften, in sozialen Organisationen, in den Kirchen, in den Medien, in Schulen, an den Universitäten. »To rearrange the scene«, wie Willy Brandt zu sagen pflegte.

Es wäre ja denkbar, dass wir dabei das tun, worüber wir die ganze Zeit reden: radikal innovativ sein, neue Methoden und Formate der Zusammenarbeit erproben, Wissen teilen und damit diejenigen unterstützen, deren Leidensdruck besonders groß ist.

Es ist die große soziale Disruption, eine Disruption der Gesellschaft, die vor uns steht und der wir uns stellen müssen. Und diese Disruption hat längst begonnen. Es braucht eine so noch nie dagewesene breite, öffentliche, kreative Auseinandersetzung. Es braucht viele gute Fragen, viele Experimente und viel Vertrauen. Es ist eine Jahrhundertaufgabe.

Wie
we

iter?

Wie weiter? Vermutlich anders!

Aber sind wir dazu bereit? Wer mit Vertretern kalifornischer Tech-Firmen spricht, wird stets aufs Neue erstaunt sein, wie unbeirrbar ihr Glaube ist, dass Technology die Zukunft besser macht. Ihr Denken scheint (oder schien bislang) immun gegen jeglichen kritischen Einwand. Uwe Jean Heuser hat das anlässlich eines Gesprächs mit dem Google-Chef Pichai einmal so formuliert: An ihrer »Tenniswand des Optimismus prallt jeder Kritik-Ball ab«.

Doch das Erstaunen ist nicht einseitig. Wenn umgekehrt Besucher aus Übersee, aus Estland oder aus skandinavischen Ländern nach Deutschland kommen, sind sie immer wieder verwundert, wie stark eine bestimmte Art von Fortschrittskritik hierzulande verbreitet ist und welche Auswirkungen die dahinterstehende technologiekritische Haltung beispielsweise auf das Schulsystem hat. Dinge, die woanders längst selbstverständlich sind, kommen hier nur schleppend voran. Das zermürbt und lähmt.

Es scheint mit Blick auf die Zukunft nur diese beiden Haltungen zu geben. Haltungen, die sich zu Glaubensrichtungen verhärtet haben. Ein modernes Schisma. Aber das ist unklug, unfruchtbar, unpraktisch. Und das beginnt möglicherweise gerade aufzubrechen. In ein paar Jahrzehnten werden die nachfolgenden Generationen vermutlich über diese ideologische Spaltung nur noch den Kopf schütteln. Denn sie verhindert, dass wir die sozialen Spaltungen in der Gesellschaft aufgeklärt, mit heiterer Beharrlichkeit und vereinten Kräften zu überwinden suchen.

Wenn je Querdenken eine Berechtigung hatte, dann hier. Zumal jeder weiß, dass die Erzeuger der techno- und kulturpessimistischsten Geschichten gleich neben dem Silicon Valley ihr Hauptquartier haben. Und allen klar ist, dass keiner der modernen Pessimisten und Kulturkritiker auf elektrischen Strom oder Internet verzichten möchte. Also gilt es, die Dinge durcheinanderzubringen. Mehr Dadataismus als Dataismus, salopp gesprochen. Wir brauchen eine schöpferische Störung – hier zur Wiedergewinnung von Kritikfähigkeit, dort zu Wiedergewinnung von Handlungsfähigkeit. Ein neues Sowohl-als-auch. Ich nenne es: die *Wiedervereinigung des Denkens* oder den *kritischen Optimismus.*

Nicht an die Zukunft herangehen wie ein misstrauischer Verwalter des Bestehenden, der 100 Gründe angeben kann, warum das Neue gefährlich ist. Nicht an die Zukunft herangehen wie ein Missionar, der jegliche Einwände in den Wind schlägt, weil er auf alles eine von oben eingegebene Antwort parat hat. Vielmehr vorgehen wie ein Bergführer, der weiß, dass die vor ihm liegende Tour voller Gefahren und Unwägbarkeiten ist, der deshalb sich und die ihm Anvertrauten auf das Unerwartete vorbereitet und so gleichzeitig Vertrauen und Sicherheit ausstrahlt.

Nicht ein bisschen Technologie und ein bisschen Kultur, aber beides halbherzig, sondern beides offensiv, selbstbewusst, eigenständig. Nicht ein bisschen Unternehmertum und ein bisschen soziale Sicherung, sondern beides: mehr Unternehmertum, Stärkung der Autonomie, Kreativität und Selbstverantwortung und zugleich mehr soziale Sicherheit, Fairness und Unterstützung für diejenigen, die der Unterstützung bedürfen. Nicht in der Mitte ermattet verharren, sondern sich weit herauslehnen nach beiden Seiten, hart an den Wind gehen und dann wieder Fahrt aufnehmen.

Man muss in der Lage sein, das Cluetrain-Manifest und die Charta der digitalen Grundrechte, Roger Willemsens Schrift *Wer wir waren* und Michel Serres Büchlein *Erfindet euch neu* nebeneinander zu lesen, nebeneinander stehen zu lassen, zusammenzudenken – und daraus vielleicht noch etwas Neues, Anderes zu machen, damit wir nicht zerrissen werden. Ohne vorher zu wissen, wie das geht. Das ist Disruptive Thinking.

Vor allem praktisch etwas ausprobieren, experimentieren, wo wir auch stehen. Dinge entwickeln, die wir bislang für unmöglich gehalten haben, aber die wir tun sollten, nicht zuletzt um den Angriffen auf unsere alten, industriegesellschaftlich geprägten »Geschäftsmodelle« von Lernen und Arbeit zuvorzukommen. Insbesondere auf vier Feldern, auf denen sich entscheiden wird, ob wir die Aufgaben der kreativen Revolution in der digitalen Transformation verstanden haben und die Brüche und Widersprüche dieser Übergangzeit meistern werden:

- ◆ Mit Lernen vorangehen
- ◆ Mehr Fragen stellen
- ◆ Mehr experimentieren und gleichzeitig Sicherheit geben – und vor allem:
- ◆ Menschen stärken

Mit Lernen vorangehen: Können wir unseren Einsatz verdoppeln?

Ja, wir wissen es. Wir haben es seit Jahren gewusst. Wir müssen mehr tun für die Bildung. Aber dieses »Wir müssen« reicht nicht. Die Frage lautet: Wenn unsere Maschinen alle 18 Monate ihre Leistungsfähigkeit verdoppeln, was können wir tun? Was ist unsere Antwort? Mehr vom Selben reicht sicher nicht. Wir brauchen etwas anderes. Vielleicht so etwas wie eine Verdoppelung? Aber auf eine ganz eigene, menschengemäße Art? Zum Beispiel eine Verdoppelung unserer Aufmerksamkeit, unserer Fähigkeiten und Potenziale? Also eine Verdoppelung nicht nur in quantitativer, sondern auch in qualitativer und kreativer Hinsicht? Dazu sechs Denkanstöße.

1. Verdoppelung der Aufmerksamkeit. Wir steuern und führen durch Aufmerksamkeit. Wenn wir einem Thema Aufmerksamkeit schenken, bekommt es mehr Beachtung. Lernen, Bildung, Ausbildung, Weiterbildung brauchen doppelte Aufmerksamkeit. Vom Management, von der Politik, von den Medien, von uns selbst. Damit können wir sofort anfangen. Wir können jeden Tag ein Körnchen mehr Aufmerksamkeit auf das Schachbrett legen.

2. Verdoppelung der Unterstützung: Wer lernt und Lernen ermöglicht, wer Schulen, Weiterbildungseinrichtungen und Ausbildungsstätten betreibt, braucht Unterstützung, doppelte Unterstützung hält besser. Durch Trainer *und* Mentoren, durch Lehrende *und* Partner aus der Praxis, durch Eltern *und* Förderer, durch staatliche *und* private Initiativen. Das können wir überall in naher Zukunft realisieren. Und es gibt dafür schon so viele beispielgebende Initiativen gerade im schulischen Bereich, die

wir unterstützen können: von der »Deutschen Schulakademie« bis zum »Archiv der Zukunft«, von den »Club-of-Rome-Schulen« bis zur »Schule im Aufbruch«.

3. Verdoppelung der Fähigkeiten. Durch neue Kombinationen von Fächern und Berufsbildern. Wie Bionik, wie Bioinformatik oder wie das Fach Mechatronik, das aus der Kombination von Mechanik und Elektronik entstanden ist. Das ist angewandte kombinatorische Kreativität und ihr sind beinahe keine Grenzen gesetzt. Ähnliches brauchen wir auf vielen Gebieten und Disziplinen. So wie Steve Jobs Engineering und Design zusammenbrachte. Eine Kombination von Weiß und Schwarz. Das ist die Aufgabe. Das bedeutet, die Felder des Schachbretts mit Leben zu füllen.

4. Verdoppelung der Möglichkeiten. Unzweifelhaft benötigen wir eine massive Förderung mathematisch-naturwissenschaftlicher Disziplinen, von Ingenieurs- und IT-Kompetenzen, von Programmier- und Softwarefähigkeiten sowie von kaufmännischen und betriebswirtschaftlichen Kenntnissen. Das ist elementar. Doch das ist nur die eine Seite. Gleichzeitig brauchen wir eine ebenso massive Förderung sozialer Kompetenzen, der musisch-sprachlichen Disziplinen, der heilenden und pflegenden Disziplinen, der philosophischen und der gestaltenden Kenntnisse, der Empathiefähigkeit, Dialogfähigkeit und Urteilsfähigkeit. Unterstützt durch neue Lernformate, Werkstätten, Lernreisen. Überall.

5. Verdoppelung des Muts. Entwickeln wir neue Ausbildungsgänge und Abschlüsse, die auf der Höhe der Zeit sind. Zum Beispiel den »Master of Uncertainty and Systemic Solutions«. Oder den »Master of Disruptive Thinking«. Oder den »Master of Business Creation«, wie Philip Kotler ihn fordert. Besetzen wir Chefpositionen in Wirtschaft und Politik künftig nur noch mit Leuten, die mindestens so viel Zeit in ihre Weiterbildung investieren wie ihre Mitarbeiter. Haben wir den Mut, in unseren eigenen Organisationen und Institutionen damit anzufangen: »Die digitale Revolution ist eine ›humane Revolution‹«, sagt Vishal Sikka, der Vorstandsvorsitzende des indischen IT-Dienstleisters Infosys. »Bei Infosys haben wir deshalb die größte Unternehmensuniversität der Welt aufgebaut und können zur selben Zeit bis zu 15 000 Mitarbeiter – unter anderen mit der Methode des Design Thinkings – weiterbilden.«

6. Verdoppelung der Perspektiven: Schaffen wir beidseitige Leitbilder der Bildung im 21. Jahrhundert? So wie es die duale Ausbildung einmal vorgemacht hat? Nur neu gefasst? Theorie *und* Praxis, schulisch *und* außerschulisch, unternehmerisch *und* philantropisch, berechnend *und* helfend, administrativ *und* kreativ? Wir brauchen nicht mehr einseitig ausgebildete Spezialisten, die Vorgaben folgen. Sondern mehr interdisziplinär ausgebildete Könner, die autonom gestalten und miteinander verändern können. Die nicht jedem Fake aufsitzen, sondern in der Lage sind, souverän zu urteilen und Entscheidungen zu treffen.

Mehr Fragen stellen – und Teilhabe ermöglichen

Diese Übergangszeit stellt uns viele spannende, ungelöste Fragen. So viele, dass man damit einen Saal von der Größe eines Fußballstadions tapezieren könnte. Doch wir lassen uns oft (und zur besten Sendezeit) abspeisen mit Fragen, deren Antworten schon längst feststehen. Wie langweilig. Was für eine Unterforderung der menschlichen Intelligenz, der technischen Erfindungsgabe, der sozialen, künstlerischen, politischen und unternehmerischen Kreativität. Der Physiker und Nobelpreisträger Isidor Isaac Rabi erzählte einmal, seine Mutter habe ihn nach der Schule nie gefragt: »Hast du eine gute Note bekommen?«, sondern: »Hast du eine gute Frage gestellt?«.

Jetzt müssten überall Ausschreibungen, Wettbewerbe, neue Formate und neue Spiele entwickelt werden, in denen es um gute, ungelöste Fragen geht. Ökonomische, soziale und politische Fragen, Fragen nach unserer Autonomie, Fragen nach der Neubelebung der Demokratie und Fragen nach der Wiedergewinnung von Vertrauen. Ich nenne sie die »Eine-Million-Euro-Fragen« dieser Zeit.

Eine dieser Fragen könnte so lauten: Wie können wir dazu beitragen, dass die Bereitschaft wächst, wieder mehr in Innovationen zu investieren, die langfristig Prosperität ermöglichen? Innovationen mit nachhaltigen ökonomischen und gesellschaftlichen Auswirkungen? Clayton M. Christensen nennt sie »Market-Creating Innovations« – im Unterschied zu eher kurzfristigen »Efficiency Innovations« oder »Performance-Improving Innovations«.

Auch hier haben wir es mit einem echten Dilemma zu tun. Christensen spricht vom »Capitalist's Dilemma«: Das nach Anlage suchende Kapital (beispielsweise der großen Fondsgesellschaften) ist ebenso wie die Performancesysteme des Managements großer Kapitalgesellschaften meist kurzfristig renditeorientiert. Aber diese Kurzfristorientierung vieler ökonomischer Entscheider steht im Widerspruch zu den Langfristinteressen der Akteure an der Erhaltung des Wohlstandes.

Welche Auswege gibt es aus diesem Dilemma? Oder wenigstens Ansätze für mögliche Auswege? Müssten wir uns nicht auch hier in die Position des Angreifers begeben und neue tragfähige »Geschäftsmodelle« des Kapitalismus entwickeln? Welche Rolle können dabei mittelständische und Familienunternehmen spielen? Welche Rolle spielen die »smart creatives«, die neuen digitalen und sozialen Entrepreneure? Welche Rolle übernehmen selbstbewusste, kreative Kommunen und Regionen? Wo sind heute die Akteure, die ein Interesse daran haben, langfristig über mehrere Generationen hinweg zu denken? Brauchen wir nicht so etwas wie eine »wertebalancierte Unternehmensführung«, wie ich sie schon vor einigen Jahren u. a. im *Harvard Business Manager* gefordert habe? Michael E. Porter hat dies »shared value creation« genannt. Und in dem Wort »shared« steckt die nächste spannende Frage:

Wie können wir mehr Gelegenheiten zur Teilhabe schaffen? Denn entsteht nicht nur durch (direkte oder indirekte) Teilhabe die Bereitschaft, sich für eine Sache einzusetzen und auch in schwierigen Zeiten persönlich Verantwortung zu übernehmen? Wikipedia und andere wunderbare Ansätze der »sharing economy« deuten in diese Richtung. Teilhabe ist Teilen plus Mitentscheiden und Mitprofitieren können. Also starke Partizipation. Wie geht das in einer Plattformökonomie? Müssten wir nicht auch in dieser Hinsicht stärker über soziale Innovationen nachdenken? Oder besser über Räume, die soziale Innovationen ermöglichen – vielleicht auch ihre Skalierung?

Aus einer Frage sind mehrere geworden. Doch alle diese münden wieder in einer Frage, die schon Schumpeter bewegte: Can capitalism survive? Er hat darauf keine eindeutige Antwort gefunden. Aber er hat uns einen Fingerzeig gegeben. Nach Schumpeter braucht es dafür einen besonderen Typus des Unternehmers, dessen Funktion einerseits »die Durchsetzung neuer Kombinationen ist«, der aber zugleich daran interessiert ist, so zu investieren, dass seine Investitionen auch in der zweiten, dritten oder vierten Generation Früchte tragen. Womit wir bei der vielleicht entscheidenden »Eine-Million-Euro-Frage« wären: Wie können wir die Akteure stärken, die ein Interesse daran haben, langfristig über mehrere Generationen hinweg zu denken?

Mehr experimentieren – und gleichzeitig Sicherheit geben

Technik nimmt uns Arbeit ab. Das ist ihr Sinn. In den nächsten Jahrzehnten wird sie das noch mehr tun. Vor allem wird sie uns bezahlte Arbeit abnehmen. Insbesondere Routinetätigkeiten, effizienzsteigernde Tätigkeiten, Managementtätigkeiten. Es kann sein, dass wir mit neuen Formen von Arbeit neue Einkommensquellen erschließen. Das ist möglich, wenn wir unser kreatives Potenzial im Zusammenspiel mit den intelligenten Maschinen vervielfältigen, wenn wir Selbstorganisation und Unternehmertum mehr Raum zur Entfaltung geben, wenn neue Nachfragen entstehen und unsere Innovationskraft enorm wächst. Aber das ist nicht sicher. Und das geschieht nicht automatisch.

Deshalb brauchen wir Experimente. Die Devise ist also nicht »Keine Experimente«, wie ehedem, in einer Zeit der Prosperität und des starken Wachstums, ein Wahlslogan lautete, sondern: viele Experimente. Ökonomische und soziale Experimente. Es geht darum, möglichen Angriffen auf Arbeit und Beschäftigung zuvorkommen. Wir müssen heute mehr Experimente wagen, wenn wir künftig mehr soziale Sicherheit haben wollen. Experimentieren und zugleich Sicherheit geben – das muss neu ausbalanciert werden. Dazu benötigen wir sehr viel Fantasie. Und sehr wenig Ideologie. Ob das geht? Vielleicht, wenn wir fünf Dinge für denkbar halten:

1. dass jederzeit *neue Kombinationen* etwa von Digitalisierung und Nachhaltigkeit, Schönheit und Einfachheit möglich sind, die neue Wertschöpfungsquellen erschließen, an die wir bislang noch gar nicht gedacht haben,

2. dass *soziale Innovationen* für Wirtschaft und Gesellschaft nicht weniger relevant sind als Produktinnovationen (Facebook war übrigens zunächst

eine soziale Innovation und wurde vielleicht auch deshalb anfangs unterschätzt),

3. dass nirgends geschrieben steht, warum wir nicht *Wertschöpfung und Arbeitsschöpfung* zusammendenken könnten (vielleicht ist das eine unternehmerische und soziale Herausforderung der nächsten Zeit),

4. dass Unternehmen, soziale Initiativen und Vertreter der öffentlichen Hand sektorüberschreitend zusammenwirken und Brücken bauen können (das machen einige schon seit Jahren und nennen es *»soziale Kooperationen«),*

5. dass »disruptiv denken« heißt, *etwas auszuprobieren* und *zugleich Sicherheit zu geben,* psychologische Sicherheit vor allem, aber auch soziale Sicherheit, so weit das möglich ist. Es geht um das Ausbalancieren von Verändern und Bewahren, um eine neue, dynamische *Wertebalance.*

Es wird Gegenwind geben. Auf der einen Seite wird es heißen: Wieso Experimente? Gerade mit sozialen Themen experimentiert man nicht. Doch, könnte die Antwort lauten: Es ist ja gerade der Sinn von Experimenten und Pilotprojekten, etwas erst im Kleinen auszuprobieren, ehe es groß ausgerollt wird. Dazu braucht man Hubs und »Experimentierräume«, wie es im *Weißbuch Arbeiten 4.0* heißt (an dem viele kreative Akteure im Auftrag des Arbeitsministeriums mitgewirkt haben). Auf der anderen Seite wird man einwenden: Mit Experimenten kommt man nicht weit. Doch, könnte die Antwort lauten, wenn wir auf guten Beispielen aufbauen, diese vernetzen, Plattformen entwickeln, Allianzen eingehen – auch mit denen, die nicht unserer Meinung sind. Dann kann es gelingen, soziale Innovationen zu skalieren.

Wie könnte das konkret aussehen? Hier fünf mögliche Beispiele von vielen:

◆ In Unternehmen einen Zukunftspakt schließen, der nicht nur – à la VW – Beschäftigung garantiert, sondern gleichzeitig das Experimentieren mit neuen Arbeits- und Beschäftigungsformen vorsieht und finanziell absichert.

◆ In regionalen Pilotstudien herausfinden, wie sich neue Modelle – zum Beispiel ein bedingungsloses Grundeinkommen – auswirken. So wie es die Sozialversicherungsanstalt Finnlands vorgemacht hat.

◆ Derartige Experimente unternehmerisch unterstützen. Warum sollten Joe Kaeser, Timotheus Höttges und andere, die sich für ein Grundeinkommen ausgesprochen haben, nicht zusammen (sofern dies nicht in der Zwischenzeit geschehen ist) eine Plattform aufbauen, die soziale Experimente und Innovatoren verknüpft?

◆ Soziale Kooperationen, soziales Unternehmertum und die Aktivität von Stiftern aufwerten – politisch, medial, steuerlich, rechtlich. Sich Netzwerken anschließen wie den »Impact Hubs« oder »Unternehmen Partner der Jugend« (UPJ), die den Austausch von Erfahrungen seit Jahren praktisch unterstützen und professionalisieren.

◆ Eine wirklich grenzüberschreitende, selbstorganisierte und koordinierte, milliardenschwere »Flaggschiff-Initiative« zum Thema Jugendarbeitslosigkeit in Europa ins Leben rufen. Das Startkapital kommt zur Hälfte von Stiftern und Unternehmen, zur Hälfte von der Europäischen Union. Warum nicht? Ja, warum eigentlich nicht?

Menschen stärken – den Einzelnen fragen

Eine Frage wird immer wieder gestellt werden: Werden wir noch gebraucht? Die Antwort wird davon abhängen, wie wir das »Wir« verstehen – das heißt, wie wir uns *selbst* verstehen.

Verstehen wir uns auf die allgemeinste Art, als Summe unserer Gewohnheiten und Konventionen, dann wird die Antwort vermutlich lauten: Nein, wir werden nicht mehr gebraucht. Wir sind ersetzbar. Wenn wir uns bemühen, den Maschinen immer ähnlicher zu werden, besteht kein Grund, warum sich die digitale Transformation künftig mit Kopien begnügen sollte.

Verstehen wir uns hingegen als Individuen, als widersprüchliche, kreative Wesen, die – bei aller Gemeinsamkeit und Durchschnittlichkeit – alle einzigartig sind und besondere Fähigkeiten haben, dann wird die Antwort lauten: Ja, wir werden gebraucht. Sehr sogar. Headhunter und Personalverant-wortliche sind überall auf der Suche nach diesen Menschen. Sie nennen sie manchmal MVPs, Most Valuable Persons. Die Nachfrage nach ihnen wird eher noch größer werden. Die Suchworte heißen: Individualität, Authentizi-tät, Autonomie, Rückgrat, Sinn, Mitmenschlichkeit. Oder: »Love out loud!«, wie das Motto der Netzkonferenz re:publica 2017 lautete.

Manche Firmen werden es einfacher haben als andere, solche Leute zu be-kommen. Google zum Beispiel: Etwa 2 Millionen bewerben sich jährlich. Für die meisten Unternehmen und Institutionen gestaltet sich die Situation sehr viel schwieriger. Aber gerade deshalb wächst der Bedarf. So könnte die Geschichte eine paradoxe, überraschende Wendung nehmen: Während der Mensch als perfektes Routinewesen, das genau das ausführt, was für ihn berechnet wurde, durch Algorithmen bald höchst gefährdet sein dürfte, könnte der Mensch als einzigartiges, singuläres, kreatives, nicht perfektes Geschöpf eine zweite Chance bekommen.

Die Digitalisierung ist dafür der Ermöglicher. Die Vernetzung ermöglicht nicht nur neue Formen der Zusammenarbeit, sondern zugleich eine ganz neue Form der Individualität. Die Frage ist nur: Verstehen wir das schon? Verstehen wir, dass vernetzte Organisationen den Einzelnen mit seiner un-verwechselbaren Eigenart brauchen? Verstehen wir, dass Teams besser wer-den, Meetings erfreulicher werden, Veränderungen besser gelingen, wenn das Individuum gefragt wird?

Hier sieben todsichere Tipps, um sich überflüssig zu machen:

1. Stellen Sie keine Fragen. Schon gar keine, auf die Sie keine Antwort haben. Geben Sie nie zu, etwas nicht zu wissen.
2. Gehen Sie nicht auf andere zu, verstehen Sie Helfen als Schwäche.
3. Halten Sie Autonomie nur als Attribut von Maschinen für erstrebenswert.
4. Halten Sie sich ausschließlich an Effizienzkriterien. Optimierung ist alles.
5. Meiden Sie die Arbeit mit Widersprüchen wie das Weihwasser den Teufel.
6. Halten Sie sich stets an das, was Ihnen Facebook oder Ihr Echo eingibt.
7. Fangen Sie wieder mit 1 von vorne an. Nur Wiederholung zählt.

Man kann dies aber auch positiv wenden. Und in ein paar Merksätzen verdichten. Dann ergeben sich vier Empfehlungen, um das Spiel nicht aus der Hand zu geben:

1. Je mehr die Vernetzung zunimmt, desto mehr wächst die Bedeutung des Individuums.
2. Je größer die zu meisternden Gemeinschaftsleistungen, desto wichtiger wird das Mitwirken des Einzelnen. Desto wichtiger wird es, jeden Einzelnen zu fragen, was er braucht und was er beitragen kann. Im Team, in der Wirtschaft, in der Politik.
3. Je höher der Veränderungsdruck, der auf der Organisation lastet, desto wichtiger wird es, Räume, vor allem Zeiträume, zu schaffen, in denen Menschen das tun können, was sie besonders gut können.
4. Je stärker der Zwang wird, lebendige Arbeit durch digitale Maschinen zu ersetzen, desto wichtiger wird es zu fragen: Was zeichnet den Menschen aus? Was kann er besser? Wo ist er unersetzlich? Was sind seine Stärken und Potenziale, vielleicht auch Schwächen, die ihn einzigartig, anders machen?

Und ein Nachtrag

Der Sinn der kreativen Revolution ist die Stärkung der Schöpferkraft des Menschen in der digitalen Transformation. Das ist meine abschließende These (oder besser: Hypothese, wie meine drei ersten, die ich eingangs formuliert habe). Die Zukunft braucht den schöpferischen Teilhaber, den bewussten Akteur in der Vernetzung. Das kann nicht jemand sein, der betriebsblind und egoistisch nur seine eigene Performance optimiert. Es wird jemand sein, der für seine Mitwelt und Umwelt ein Bewusstsein hat. Der mutig und demütig zugleich ist. Auch unter ganz schwierigen Bedingungen. Im Großen wie im Kleinen, vor allem in den ganz kleinen, alltäglichen, widrigen Aufgaben, die vor uns stehen.

Die digitalen Maschinen sind dabei eine große Hilfe. Sie werden uns vieles abnehmen, was sie besser können als wir. Aber sie können unseren Sinn für Sinn nicht ersetzen. Sie können uns Berechnungen anbieten, wie wir nachhaltiger wirken könnten. Aber unseren Willen zur Nachhaltigkeit, unsere Urteilsfähigkeit, unser Mitempfinden für andere können sie nicht ersetzen.

Sie können uns nicht sagen, wie wir den Müll aus den Meeren und aus unseren Köpfen bekommen. Sie können nicht die sozialen Medien zivilisieren. Sie können uns keine Formel liefern, wie Afrika zu unserem Partnerkontinent wird.

Sie können vor allem nicht das ersetzen, was von allen gefordert ist, die Führungsaufgaben übernehmen: vorangehen und den anderen unterstützen – als Coach, als Mentor, als jemand, der Feedback gibt, oder einfach als jemand, der anderen hilft, die nicht so stark sind. In jedem Unternehmen, in jedem Team, in jeder Verwaltung, in jeder Disziplin. Das wird in Zukunft eher noch wichtiger werden.

Damit kann jeder anfangen. Mit kleinen Schritten. Mit überraschend einfachen Ideen. Mit Unterbrechung der Routinen. Und sei es auch nur für ein paar Minuten. Mit Wertschätzung. Zuwendung. Zuhören. Es sind die überraschend einfachen Gesten und Momente, die zwischen uns passieren. Wir nennen sie Freundlichkeit, Achtsamkeit, Vertrauen. Diese gilt es wiederzuentdecken. Dann lassen sich viele Probleme lösen, bevor sie uns zerreißen, dann kann auch etwas schiefgehen oder konfus werden, wie im richtigen Leben, wir müssen uns nicht hierarchisch aufplustern, wir fangen einfach an, etwas auszuprobieren, und machen dem anderen Mut, den neuen Weg mitzugehen.

Deshalb der dritte praktische Imperativ. Er ist der Wichtigste von allen:

Stär
Mens

ke die
chen!

Denkbilder

1. Neue Welt – alte Welt?

KI und humane Intelligenz:
Was lernen wir voneinander?
Wer bestimmt künftig unsere Kommunikation?

2. Denken wir »zweisprachig«?

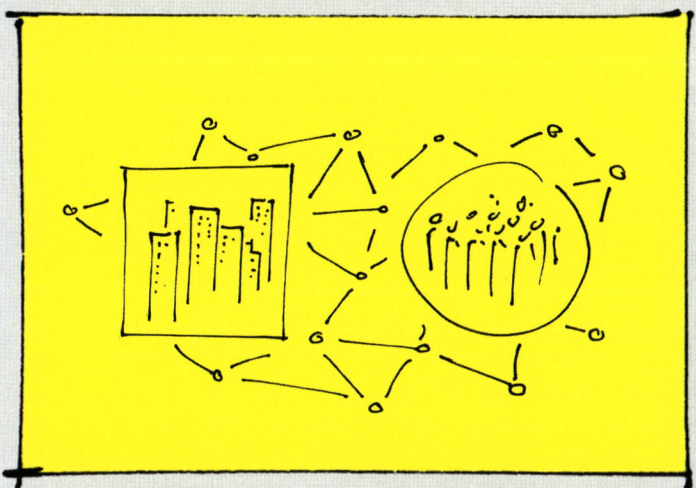

Berechnete Welt,
schlaue Algorithmen,
der Mensch als Zählung

Imperfekte Welt,
lebendige Wesen,
der Mensch als Erzählung

3. Das Internet der Dinge – alles vernetzen

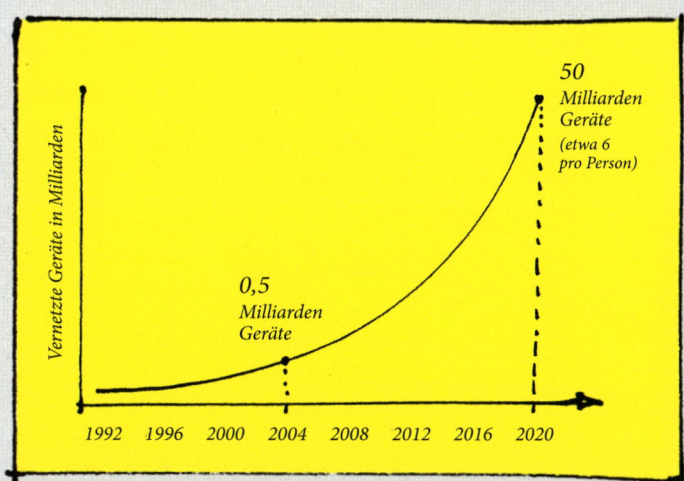

Eine Explosion der Vernetzung
Geschätzte Entwicklung nach Cisco

4. Digital und Kapital

»Die neue Dynamik der Ökonomie entspringt der Verbindung von Digital und Kapital.
Aus ihr geht eine neue, bewegliche und intelligente Kapitalismusgeneration hervor.«

Aus: Bernhard von Mutius, Die Verwandlung der Welt

5. Plattformen, Beispiel Amazon

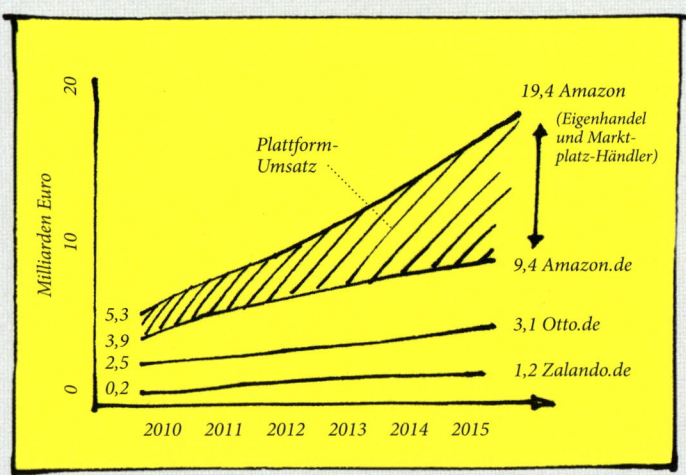

Amazon und die anderen: Umsatzentwicklung im Onlinehandel
Nach Holger Schmidt / IFH Köln

6. Long Tail – »The Winner takes it all«

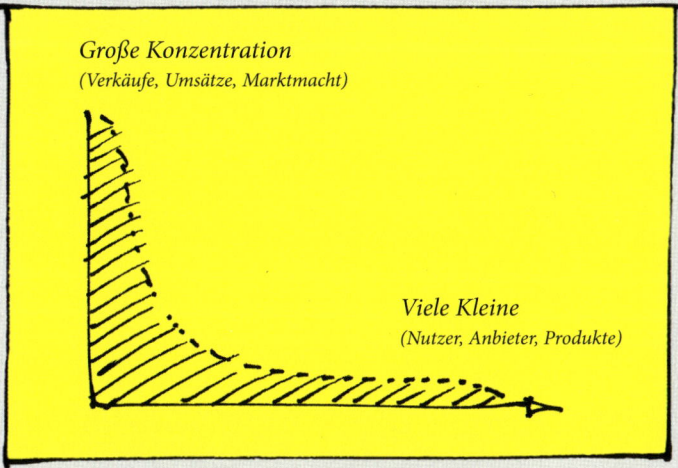

Die Logik (und Macht) der großen Plattformen:
Viele kleine Nutzer und Anbieter verbessern mit ihren Daten
die Angebote und machen die Großen noch größer.

7. Die soziale Architektur
der Plattformökonomie

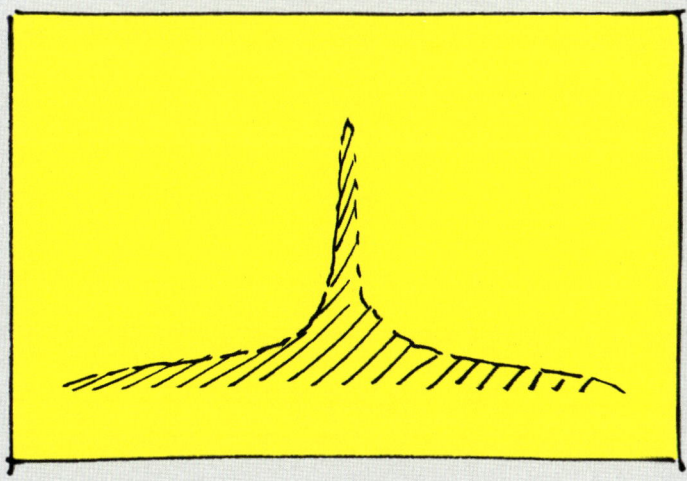

Viele Kleine unten, wenige Große oben

8. Die digitale Transformation …

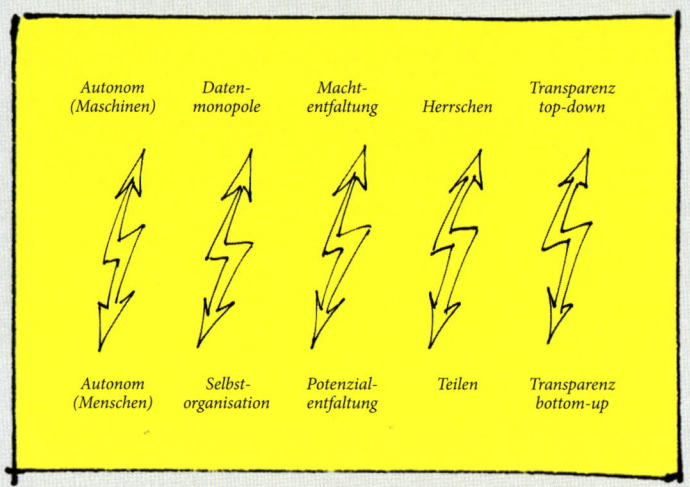

… gerät in Konflikt mit der kreativen Revolution

9. So?

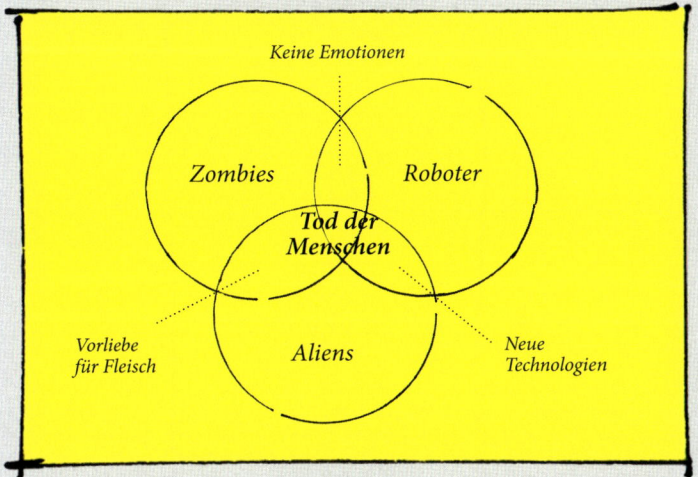

Eine mögliche Sicht der Zukunft
Venn-Diagramm für ein T-Shirt der Firma SnorgTees

10. Oder so?

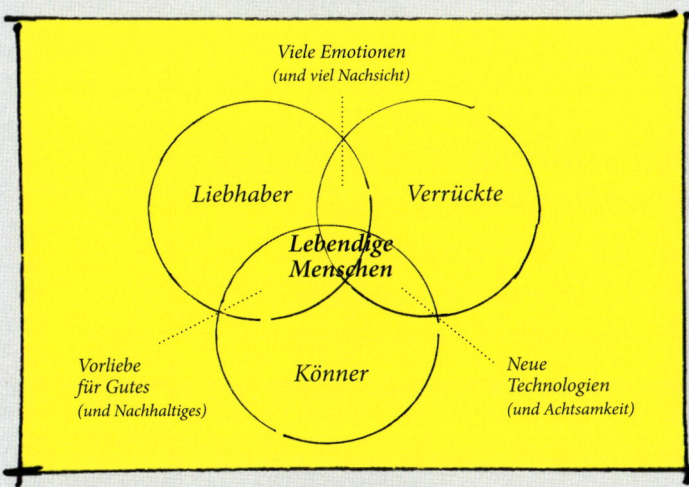

Eine mögliche andere Sicht …

11. Kritischer Optimismus

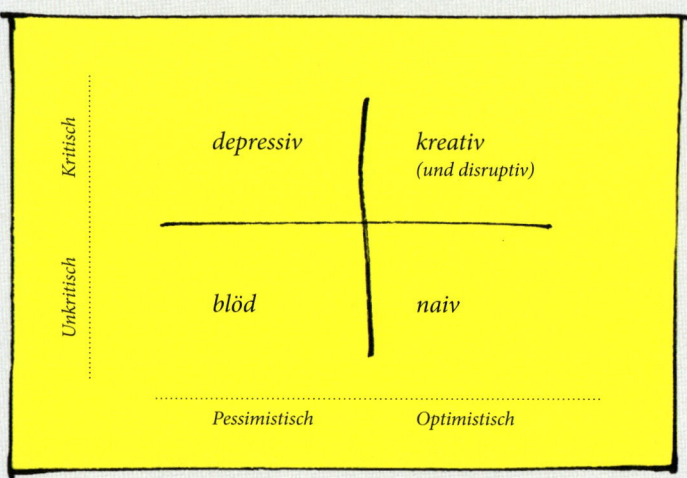

12. Why not?

>>*Wir zerbrechen unsere Schere im Kopf und versetzen uns in den* **›Why not?‹-Modus**. *Grundsätzlich ist nichts unmöglich, keine Idee zu dumm, zu albern, zu peinlich. Wieso auch? Wer die Zukunft erfinden will, muss alte Gewohnheiten und Wahrheiten hinter sich lassen.*<<

Zweites Grundprinzip der Innovationsentwicklung
Nach Dark Horse Innovation, Digital Innovation Playbook

13. Neue Wertebalance 1

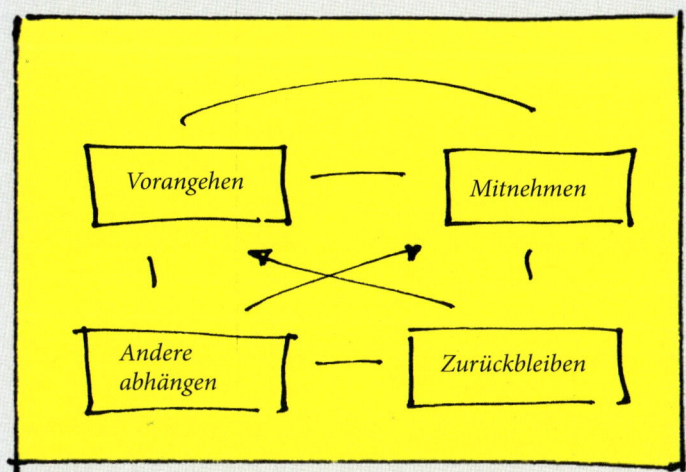

Disruptive Thinking heißt vorangehen und den anderen mitnehmen.
Frei nach Friedemann Schulz von Thun und dessen Wertequadrat

14. Neue Wertebalance 2

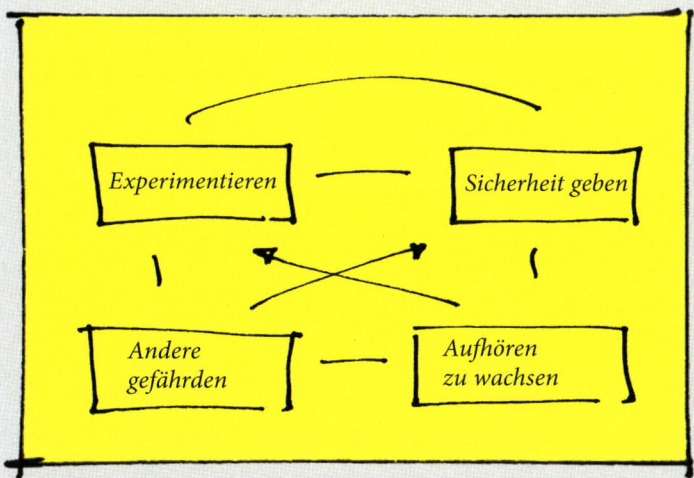

Disruptive Thinking heißt experimentieren und zugleich Sicherheit geben.
Frei nach Friedemann Schulz von Thun und dessen Wertequadrat

15. Der Sinn

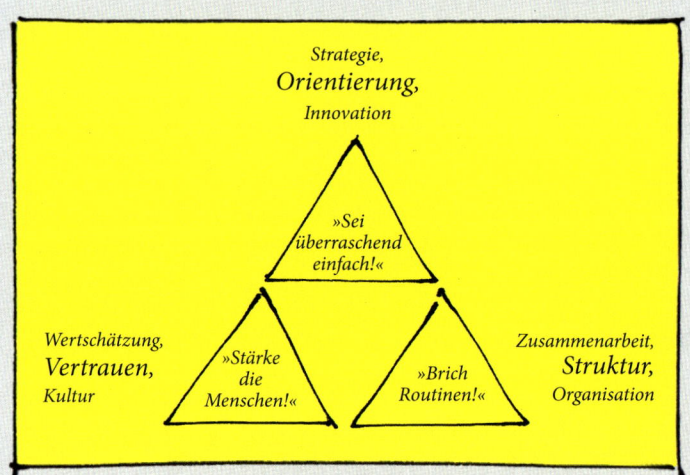

Disruptive Thinking – der Sinnzusammenhang

16. Disruptive Thinking –
die Geschichte auf einen Blick

Dank

Viele Freunde und Kollegen haben in den vergangenen Jahren auf ihre Weise mitgeholfen und dazu beigetragen, dass dieses Buch entwickelt werden konnte – in intensiven Gesprächen, auf Bergwegen und Waldspaziergängen, in verschiedenen Phasen der Auseinandersetzung mit Ungewissheit, Chaos und schwarzen Schwänen, mit der digitalen Transformation und der kreativen Revolution, mit systemischem Denken und mit Design Thinking: Günter Küppers und Heinz-Otto Peitgen, Michael Hutter und Fritz B. Simon, Winfried Kretschmer und Marco von Münchhausen, Jens Rainer Jänig, Rainer Petek und Herbert Schreib, Max Schön, Birger Priddat und Anke Schild, Matthias Boie und Philipp Stelzner, Bettina Becker, Peter Edelmann und Stephan Breidenbach, Eike von Oppeln-Bronikowski, Eberhard Hübbe und Ines Reich, Uli Weinberg, Molly Wilson und Claudia Nicolai. Ich bin ihnen dafür sehr dankbar.

Literatur

Bücher sind immer das Ergebnis von Begegnungen. Sie basieren auf einem längeren äußeren und inneren Dialog, auf einem mehrjährigen Prozess des Lern- und Erfahrungsaustausches mit anderen Menschen. So auch diese Arbeit. Sie beruht auf zahlreichen Gesprächen, Besuchen und Beobachtungen, auf elektronischen Notizen und Aufzeichnungen in meinen Arbeitsheften, auf dem Studium von Büchern, Zeitschriftenartikeln, Blogs, YouTube-Beiträgen etc. Viele dieser Begegnungen ereigneten sich in den letzten zwei, drei Jahren. Manche reichen ein oder zwei Jahrzehnte zurück. Die folgenden Hinweise versuchen einige dieser Ursprünge und Quellen zu dokumentieren.

Bücher

Anderson, Chris: The Long Tail: Why the Future of Business is Selling Less of More, Hyperion, New York 2008

Arnold, Herrmann: Wir sind Chef. Wie eine unsichtbare Revolution Unternehmen verändert, Haufe Lexware, Freiburg 2016

Bauman, Zygmunt: Flüchtige Moderne, Suhrkamp, Frankfurt am Main 2003

Baums, Ansgar; Schössler, Martin; Scott, Ben (Hg.): Kompendium Industrie 4.0. Wie digitale Plattformen die Wirtschaft verändern – und wie die Politik gestalten kann, Berlin 2015

Beise, Marc; Schäfer, Ulrich: Deutschland Digital. Unsere Antwort auf das Silicon Valley, Campus, Frankfurt am Main 2016

Bock, Laszlo: Work Rules. Insights from inside Google, John Murray, London 2015

Bostrom, Nick: Superintelligence. Paths, Dangers, Strategies, Oxford University Press, Oxford 2014

Brynjolfsson, Erik; McAfee, Andrew: The Second Machine Age. Work, Progress, and Prosperity in a Time of Brilliant Technologies, W. W. Norton & Company, New York 2010

Christensen, Clayton M.: The Innovator's Dilemma. The Revolutionary Book That Will Change the Way You Do Business, Harper Business, New York 1997

Collins, Jim: Der Weg zu den Besten, DVA, München 2002

Dark Horse: Digital Innovation Playbook, Murmann, Hamburg 2016

Dark Horse Innovation: Thank God it's Monday, Econ, Berlin 2014

Dobbs, Richard; Manyika, James; Woetzel, Jonathan: No Ordinary Disruption. The four Global Forces Breaking All The Trends, PublicAffairs, New York 2015

Drucker, Peter: Management, Campus, Frankfurt am Main 2009

Ebeldinger, Jürgen; Ramge, Thomas: Durch die Decke denken, Redline, München 2013

Eberl, Ulrich: Smarte Maschinen. Wie künstliche Intelligenz unser Leben verändert, Carl Hanser, München 2016

Ende, Michael: Momo, Thienemann, Stuttgart 2005

Florida, Richard: The Rise of the Creative Class – revisited, Basic Books, New York 2014

Ford, Martin: Aufstieg der Roboter. Wie unsere Arbeitswelt gerade auf den Kopf gestellt wird, Börsenmedien, Kulmbach 2016

Friebe, Holm: Die Stein-Strategie. Von der Kunst, nicht zu handeln, Carl Hanser, München 2013

Grant, Adam: Originals. How Non-Conformists change the World, WH Allen, London 2016

Gürtler, Jochen; Meyer, Johannes: 30 Minuten Design Thinking, GABAL, Offenbach 2015

Harari, Yuval Noah: Homo Deus. Eine Geschichte von Morgen, C. H. Beck, München 2017

Hofstetter, Yvonne: Sie wissen alles. Wie intelligente Maschinen in unser Leben eindringen und warum wir für unsere Freiheit kämpfen müssen, C. Bertelsmann, München 2014

Hutter, Michael: Ernste Spiele. Geschichten vom Aufstieg des ästhetischen Kapitalismus, Wilhelm Fink, Paderborn 2015

Isaacson, Walter: Steve Jobs, Abacus, London 2015

Iske, Paul Louis: Combinatoric Innovation, Inspiration and Learning in a Complex World, SMO, Den Haag 2016

Ismail, Salim: Exponential Organizations, Singularity University Books, New York 2014

Keese, Christoph: Silicon Germany. Wie wir die digitale Transformation schaffen, Knaus, München 2016

Keese, Christoph: Silicon Valley. Was aus dem mächtigsten Tal auf uns zukommt, Knaus, München 2014

Kelley, Tom; Kelley, David: Creative Confidence. Unleashing the creative Potential within us all, William Collins, London 2014

Kollmann, Tobias; Schmidt, Holger: Deutschland 4.0. Wie die digitale Transformation gelingt, Springer Gabler, Wiesbaden 2016

Kotter, John P.: Accelerate. Strategischen Herausforderungen schnell, agil und kreativ begegnen, Vahlen, München 2015

Kumar, Vijay: 101 Design Methods. A Structured Approach for Driving Innovation in Your Organization, John Wiley & Sons, New Jersey 2013

Kurz, Constanze; Rieger, Frank: Arbeitsfrei. Eine Entdeckungsreise zu den Maschinen, die uns ersetzen, Riemann, München 2013

Kurzweil, Ray: Homo S@piens. Leben im 21. Jahrhundert, Kiepenheuer & Witsch, Köln 1999

Kurzweil, Ray: How to create a Mind. The Secret of Human Thought Revealed, Duckworth Overlook, London 2012

Lakoff, George: Don't Think of an Elephant! Know Your Values and Frame the Debate, Chelsea Green Publishing, White River Junction 2004

Laloux, Frederic: Reinventing Organizations. A Guide to Create Organizations Inspired by the Next Stage of Human Consciousness, Nelson Parker, Brüssel 2014

Lotter, Wolf: Die kreative Revolution. Was kommt nach dem Industriekapitalismus?, Murmann, Hamburg 2009

Macron, Emmanuel: Revolution. Wir kämpfen für Frankreich, Morstadt Verlag, Kehl 2017

Maturana, Humberto; Varela, Francisco J.: Der Baum der Erkenntnis. Die biologischen Wurzeln menschlichen Erkennens, Goldmann, München 1990

Mayer-Schönberger, Viktor; Cukier, Kenneth: Big Data. Die Revolution, die unser Leben verändern wird, Redline, München 2013

Meckel, Miriam: Wir verschwinden. Der Mensch im digitalen Zeitalter, Kein & Aber, Zürich 2013

Meyer, Jens-Uwe: Digitale Disruption. Die nächste Stufe der Innovation, BusinessVillage, Göttingen 2016

Mutius, Bernhard von: Die Verwandlung der Welt. Ein Dialog mit der Zukunft, Klett-Cotta, Stuttgart 2000

Mutius, Bernhard von (Hg.): Die andere Intelligenz. Wie wir morgen denken werden, Klett-Cotta, Stuttgart 2008

Mutius, Bernhard von: Die Schönheit der Einfachheit, Trapazzi Press, Potsdam 2014

Mutius, Bernhard von: IQ plus WeQ = BQ. 6 Meditationen über ein postkollektives Wir, Potsdam 2015

O'Neil, Cathy: Weapons of Math Destruction. How Big Data Increases Inequality and Threatens Democracy, Allen Lane, London 2014

Osterwalder, Alexander; Pigneur, Yves: Business Model Generation. Ein Handbuch für Visionäre, Spielveränderer und Herausforderer, Campus, Frankfurt am Main 2011

Packer, George: The Unwinding. An inner History of the New America, Macmillan, New York 2013

Parker, Geoffrey G.; Van Alstyne, Marshall W.; Choudary, Sangeet Paul: Platform Revolution, W. W. Norton & Company, New York 2016

Petek, Rainer; Schreib, Herbert; Bein, Werner; Pichler, Florian: Und alle ziehen mit! Die Kraft der Leadership-Teams, Linde, Wien 2016

Pink, Daniel H.: Drive. The surprising truth about what motivates us, Canongate, Edinburgh 2011

Pörksen, Bernhard; Schulz von Thun, Friedemann, Kommunikation als Lebenskunst, Carl-Auer, Heidelberg 2014

Richter, Timm: Jeder kann führen. Über moderne Führung zwischen Systemdenken und Menschlichkeit, BoD, Norderstedt 2016

Robinson, Ken: In meinem Element, Goldmann Arkana, München 2010

Roehl, Heiko; Asselmeyer, Herbert: Organisationen klug gestalten. Das Handbuch für Organisationsentwicklung und Change Management, Schäffer-Poeschel, Stuttgart 2016

Sattelberger, Thomas; Welpe, Isabell; Boes, Andreas: Das demokratische Unternehmen. Neue Arbeits- und Führungskulturen im Zeitalter digitaler Wirtschaft, Haufe, Freiburg 2015

Schirrmacher, Frank: Ego. Das Spiel des Lebens, Blessing, München 2013

Schmidt, Eric; Rosenberg, Jonathan: How Google Works, John Murray, London 2014

Schreib, Herbert: Cool durch Wirbel und Wandel, Linde, Wien 2014

Schumpeter, Joseph A.: Kapitalismus, Sozialismus und Demokratie,
  A. Francke Verlag, Tübingen 2005

Serres, Michel: Erfindet euch neu! Eine Liebenserklärung an die vernetzte
  Generation, Suhrkamp, Berlin 2013

Simon, Fritz B.: Meine Psychose, mein Fahrrad und ich. Zur Selbstorganisation der Verrücktheit, Carl-Auer, Heidelberg 2004

Struck, Pia: Game Changer. Das Ende der Hierarchie? Unternehmen erfolgreich in die Zukunft führen, GABAL, Offenbach 2016

Taleb, Nassim Nicholas: Der Schwarze Schwan. Die Macht höchst unwahr-
  scheinlicher Ereignisse, Carl Hanser, München 2008

Tapscott, Don; Tapscott, Alex: Die Blockchain-Revolution: Wie die
  Technologie hinter Bitcoin nicht nur das Finanzsystem, sondern die
  ganze Welt verändert, Plassen Verlag, Kulmbach 2016

Thiel, Peter: Zero to One. Notes on startups, or how to build the future,
  Virgin Books, London 2014

Weigend, Andreas: Data for the People. Wie wir die Macht über unsere
  Daten zurückerobern, Murmann, Hamburg 2017

Weinberg, Ulrich: Network Thinking. Was kommt nach dem Brockhaus-
  Denken?, Murmann, Hamburg 2015

Wiener, Norbert: Invention. The care and feeding of Ideas, MIT Press
  1994

Willemsen, Roger: Wer wir waren, S. Fischer, Frankfurt am Main 2016

Williams, Luke: Disrupt. Think the Unthinkable to Spark Transformation
  in Your Business, Pearson Education, Upper Saddle River 2015

Artikel, Blogs und weitere Quellen

Andreessen, Marc: Why Software Is Eating The World, The Wallstreet
  Journal, 20.8.2011

Ankenbrand, Hendrik: Wie es Euch gefällt, FAZ, 17.1.2017

Becker, Benedikt: Daten sammeln, Klinken putzen, Die Zeit, Nr. 14,
  30.3.2017

Bernhard, Wolfgang: Wer zu spät kommt, verliert den Markt. Interview
  mit Dr. Wolfgang Bernhard, Welt N24, 21.9.2016

Boos, Hans-Christian: »Der Kunde ist es, der das Tempo macht«. Hans-
  Christian Boos im Interview mit Gabriele Fischer und Wolf Lotter,
  brand eins, 12/2015

Burckhardt, Martin: Was das Ende von Alan Turing über sein Denken sagt, FAZ, 9.4.2016

Charta der Digitalen Grundrechte der Europäischen Union: www.digital-charta.eu

Christensen, Clayton M.; Bever, Derek van: The Capitalist's Dilemma, Harvard Business Review, Juni 2014

Christensen, Clayton M.; Raynor, Michael; McDonald, Rory: Was ist disruptive Innovation?, Harvard Business Manager, 1/2016

Cluetrain Manifesto: www.cluetrain.com

Daum, Timo: Dieser Kapitalismus funktioniert nicht? Understanding Digital Capitalism, Das Filter, 16.5.2016

Denner, Volkmar: Bedroht der neue Protektionismus auch die Vernetzung?, Blogbeitrag April 2017, www.bosch.com/de/explore-and-experience/denners-view/

Denning, Steve: Can big organizations be agile?, Forbes, 26.11.2016

Disruptor's Handbook. News from the frontline of Innovation, www.disruptorshandbook.com

Dueck, Gunter; Eilers, Frank: Wenn Dinge sprechen lernen – Internet of Things, 22.5.2017, https://www.youtube.com/watch?v=vlyi6h39sAg

Engelhardt, Sebastian von; Wangler, Leo; Wischmann, Steffen: Eigenschaften und Erfolgsfaktoren digitaler Plattformen. Studie im Auftrag des Bundesministeriums für Wirtschaft und Energie, Institut für Innovation und Technik (iit) in der VDI/VDE Innovation + Technik GmbH, Berlin 2017

Ferguson, Niall: My Tuesday Google Zeitgeist lecture on the fatal recipe for populism and the lessons for our time, https://youtu.be/bSLEGafuEd4

Förtsch, Michael: Regeln gegen den Aufstand der Roboter, Wired (deutsche Ausgabe), 2.2.2017

Frey, Carl Benedikt; Osborne, Michael A.: The Future of Employment. How susceptible are jobs to computerisation?, 17.9.2013

Ganslmeier, Martin: Regieren in 140 Zeichen, tagesschau.de, 4.1.2017

Gerhardt, Daniel: Beyoncé. Die Limonade danach, Die Zeit, 27.4.2016

Goetzpartners; Förster und Netzwerk: Studie »Klare Haltung. Wie Unternehmen Authentizität fördern – und davon profitieren«, München 2016

Goetzpartners; Neoma Business School: Agile Performer Index, München 2017

Grassegger, Hannes; Krogerus, Mikael: »Ich habe nur gezeigt, dass es die Bombe gibt«, Das Magazin, 48/2016

Gruber, Angela: Kleiner geht's nicht, Der Spiegel, 26.3.2017

Hartung, Manuel J.: Leben im Befehlston, Die Zeit, 30.3.2017

Harvard Business School Publishing: On Innovation. HBR's 10 Must Reads on Innovation, Boston 2013

Hecking, Claus: Sie setzen ein Volk unter Strom, Die Zeit, 2.2.2017

Heise online: Nokia-Chef erwartet Boom bei Multimedia-Handys, 8.1.2007

Helbing, Dirk: Maschinelle Intelligenz – Fluch oder Segen? Es liegt an uns, Blog, Deutsche Telekom, 1.3.2016

Heuer, Steffan: Mit dem Strom, brand eins, 12/2016

Heuser, Uwe Jean: Die Verlockung, Die Zeit, 7.7.2016

Heuser, Uwe Jean: Sundar Pichai. Ein gnadenloser Optimist, Die Zeit, 29.12.2016

Issing, Otmar: »Wir können nur beten«. Interview mit Roman Pletter und Mark Schieritz, Die Zeit online, 7.7.2016

Jansen, Stephan A.: Der nächste Kapitalismus – dieser Trend zeichnet sich in den Unternehmenskulturen ab, Huffington Post, 5.2.2017

Joy, Bill: Why the Future doesn't need us, Wired, 2.1.2000

Kagermann, Henning, im Interview mit Klaus Lüders: »Kopernikanische Wende«, Inpact Mediaverlag, Berlin, März 2016

Kaube, Jürgen: Die Irrtümer der Wähler-Beschimpfer, FAZ, 10.11.2016

Knop, Carsten: Thyssen-Krupp-Chef Hiesinger: »Das beste Fachwissen kann heute nachgeahmt werden«, FAZ, 21.1.2016

Knop, Carsten: Das ist die größte Herausforderung der Digitalisierung, FAZ, 24.1.2016

Kolb, Matthias: Trump als Außenpolitiker, Süddeutsche Zeitung, 28.4.2016

Kuhn, Johannes: Digitaler Wandel. Kampf der Skeptiker gegen Visionäre, Süddeutsche Zeitung, 27.5.2016

Lemm, Karsten: Sebastian Thrun macht lebenslanges Lernen zum Erlebnis, Wired, 10/2016

Lepore, Jill: Disruptive Machine. What the gospel of innovation gets wrong, The New Yorker, 23.6.2014

Lobe, Adrian: Bots für Trump, FAZ, 30.9.2016

Lobo, Sascha: S.P.O.N. Auf dem Weg in die Dumpinghölle, Der Spiegel, 3.9.2014

Maak, Niklas: Die vielen Freuden des »too much«, Frankfurter Allgemeine Sonntagszeitung, 27.11.2016

Maak, Niklas: Die Welt von morgen, Frankfurter Allgemeine Quarterly, 2/2016

Martens, Andree: Change Management 4.0. Denk disruptiv!, Manager-Seminare, August 2016

McKinsey: Bayern 2025. Alte Stärke, neuer Mut, Studie McKinsey & Company, März 2015

Meck, Georg; Weiguny, Bettina: Was kann der Großkonzern vom Start-up lernen? Oliver Bäte im Gespräch mit Oliver Samwer, FAZ, 5.8.2016

Miegel, Meinhard: Hybris. Die überforderte Gesellschaft, Propyläen, Berlin 2014

Müffelmann, Jens; Schmitz, Ulrich: Die Geschichte der Axel Springer SE in 71 Sekunden, YouTube 2013

Mutius, Bernhard von: Wertebalancierte Unternehmensführung, Harvard Business Manager, 5/2002

Mutius, Bernhard von: Deutschland als Lernende Nation. Oder: Wie Neues entsteht, das besteht, Zeitschrift für internationale Politik, Oktober 2005

Mutius, Bernhard von; Minx, Eckard: Kreisförmiger Fortschritt. Ein zirkuläres Prozessmodell für die erneuerungsfähige Organisation, Zeitschrift für Organisationsentwicklung (ZOE), 1/2013

Niebling, Marco, im Interview mit Winfried Kretschmer: Mit gegenseitiger Hilfe, www.changeX.de, 25.5.2016

O'Connor, Sarah: My battle to prove I write better than an AI robot called »Emma«, Financial Times, 4.5.2016

Paul, Holger: Kollege Roboter. Auf dem Weg in die vierte Revolution, Innovationsmanager, September 2014

Pörksen, Bernhard: Hört doch mal zu, Die Zeit, 25.8.2016

Porter, Michael E.; Kramer, Mark R.: Creating Shared Value, Harvard Business Review, Januar/Februar 2011

Porter, Michael E.; Heppelmann, James E.: How Smart, Connected Products Are Transforming Competition, Harvard Business Review, November 2014

Ramge, Thomas: Disruption, Plattform, Netzwerkeffekt, brand eins, 05/2015

Ramge, Thomas: Nicht fragen. Machen, brand eins 3/2015

Raschke, Uwe: How should large Organizations adapt to a changing world?, Bosch Connected World Blog, 15.3.2017

Ruimin, Zhang: Haier's Rendanheyi 2.0., Peter Drucker Forum, Wien 2015

Salder, Felix: Algorithmen, die wir brauchen, netzpolitik.org, 15.1.2017

Schaar, Jürgen, im Interview mit Moritz Strube, Crisp Research, 30.1.2017

Schäfers, Manfred: Wilder Westen in der Steuerpolitik, FAZ, 3.2.2017

Schiel, Andreas: Zukunftsbetrachtungen mit Bernhard von Mutius: https:// arbeitmorgen.wordpress.com/2016/05/04/wie-wir-heute-denken-ent-scheidet-darueber-wie-wir-morgen-arbeiten-und-leben-werden-teil-1/

Schmidhuber, Jürgen: Künstliche Intelligenz wird das All erobern. Ein Interview mit Christian Stöcker, Der Spiegel, 6.2.2016

Schulz, Thomas: Zuckerbergs Zweifel, Der Spiegel, 1.4.2017

Siemons, Mark: Trumps Chefstratege. Die dunkle Seite der Macht, FAZ, 6.2.2017

Sievers, Uwe: Ein Appell für mehr Selbstreflexion. Zygmunt Bauman auf der re:publica, Menschen Machen Medien, 11.6.2015

Solon, Olivia: Elon Musk says humans must become cyborgs to stay relevant. Is he right?, The Guardian, 15.2.2017

Steingart, Gabor: Digitalisierung. Weltworte, Handelsblatt Magazin, Oktober 2016

Swisher, Kara: Man and Uber Man, Vanity Fair, 5.11.2014

Teller, Astro: Google X Head on Moonshots: 10X Is Easier Than 10 Percent, Wired, 2.11.2013

Weißbuch Arbeiten 4.0, hrsg. vom Bundesministerium für Arbeit und Soziales, Berlin 2017

Wenzel, Frank-Thomas: Künstliche Intelligenz: Verliert Deutschland den Big-Data-Anschluss?, Berliner Zeitung, 25.9.2016

Wrobel, Stefan: Wir beschränken künstliche Intelligenz. Interview mit Corinna Niebuhr, Stifterverband für die Deutsche Wissenschaft e.V., YouTube, 31.8.2016

Zeitschrift für Internationale Politik (IP), 1/2016: Smarte Revolution. Wie die digitale Kommunikation die Politik unter Druck setzt

Zuboff, Shoshana: Bog other: Surveillance Capitalism and the prospects of an Information Civilization, Journal of Information Technology, 30/2015

Zuckerman, Ethan: Die Prognosekraft von Google wird gewaltig überschätzt. Gespräch mit Alexandre Lacroix, Philosophie Magazin, 6/2016

Der Autor

Bernhard von Mutius ist Pionier des Disruptive Thinking im deutschsprachigen Raum und einer der maßgebenden Zukunftsdenker in Europa. Der Sozialwissenschaftler, Philosoph und Autor beschäftigt sich seit Jahren mit der digitalen Transformation sowie mit der kreativen Revolution und deren Bedeutung für Menschen, für Wirtschaft und Gesellschaft. Er berät Unternehmen und Organisationen zu den Themen Change, Innovation und Führung. Er ist Senior Advisor der HPI School of Design Thinking, Mitbegründer der Potsdamer Gespräche, Gründungsmitglied des »New Club of Paris«, Beirat der Club-of-Rome-Schulen, Beirat der Zeitschrift Internationale Politik, Mitbegründer von »Unternehmen: Partner der Jugend« (UPJ), Vorsitzender des »Bergweg-Forums Denken der Zukunft« und ein gefragter Redner.

Bernhard von Mutius lebt in Potsdam und ist Autor mehrerer Bücher über neues, vernetztes Denken und über die Schönheit der Einfachheit.

www.vonmutius.de

Register

*»Eine Pflichtlektüre für alle,
die von Disruption reden!
Und eine Kürlektüre für alle,
für die technologische und soziale
Innovation Zwillinge sind.«*

**Thomas Sattelberger,
früherer Daimler-Manager und Telekom-Vorstand**

*»Das Buch von Bernhard von Mutius
erklärt Disruption tiefer als eben
›nur‹ durch neue Technologien oder
Digitalisierung. Es fordert uns heraus
zu entscheiden, wie wir – gesellschaftlich,
persönlich – in Zukunft arbeiten und
leben wollen.«*

Tim Richter, Mitglied des Vorstands, XING AG

*»Wer wirklich begreifen möchte,
was in dem vielleicht größten Buzzword
unserer Zeit steckt, sollte dieses Buch
unbedingt lesen.«*

Jasper Hugo Grote, Mitbegründer Dark Horse GmbH & Co. KG